Lamyaa Taha

Techniki dla generacji Modele elewacji cyfrowych

Lamyaa Taha

Techniki dla generacji Modele elewacji cyfrowych

Wydawnictwo Bezkresy Wiedzy

Imprint
Any brand names and product names mentioned in this book are subject to trademark, brand or patent protection and are trademarks or registered trademarks of their respective holders. The use of brand names, product names, common names, trade names, product descriptions etc. even without a particular marking in this work is in no way to be construed to mean that such names may be regarded as unrestricted in respect of trademark and brand protection legislation and could thus be used by anyone.

Cover image: www.ingimage.com

This book is a translation from the original published under ISBN 978-620-0-53576-4.

Publisher:
Wydawnictwo Bezkresy Wiedzy
is a trademark of
Dodo Books Indian Ocean Ltd., member of the OmniScriptum S.R.L Publishing group
str. A.Russo 15, of. 61, Chisinau-2068, Republic of Moldova Europe
Printed at: see last page
ISBN: 978-620-0-81664-1

Techniki dla generacji Modele elewacji cyfrowych

Lamyaa taha

Generacja DEM

Składowisko odpadów jest zwykle postrzegane jako powierzchnia stale zmienna, może być reprezentowana przez izoliny (kontury). Chociaż zestawy izolin są bardzo odpowiednie do wyświetlania stale zmieniającej się powierzchni, nie nadają się one szczególnie do analizy numerycznej lub modelowania, dlatego też opracowano inne metody w celu umożliwienia reprezentowania i efektywnego wykorzystania informacji o ciągłym zróżnicowaniu atrybutu (zwykle wysokości) w przestrzeni.
Każda cyfrowa reprezentacja ciągłych zmian reliefu na powierzchni przestrzeni jest znana jako cyfrowy model elewacji [88].
DEM-y były i są obecnie używane z dużą ilością aplikacji. Takich jak inżynieria tras, odwzorowanie terenu, mapowanie wojskowo-użytkowe, telekomunikacja teledetekcyjna, badania hydrauliczne, systemy informacji lądowej i geograficznej LIS/GIS [6], tak więc struktura danych tego systemu zostanie tutaj opisana.

1.Cyfrowy model elewacji

DTM jest cyfrowym odwzorowaniem powierzchni ziemi w postaci układu trójwymiarowych punktów skoordynowanych; każdy punkt skoordynowany ma pozycję planimetryczną w postaci układu współrzędnych (geograficznych/kartograficznych)[45],[53], gdzie "x" jest pozycją poziomą x (e).g. długość geograficzna lub współrzędna wschodnia/zachodnia rzutu mapy), "y" jest poziomą pozycją y (np. szerokość geograficzna lub współrzędna północna/południowa rzutu mapy), a "z" jest wysokością w stosunku do pewnego układu odniesienia zazwyczaj oznacza poziom morza.
Istnieje również termin zwany cyfrowym modelem elewacji (DEM). Niektóre z nich oddzielają te dwie definicje, ograniczając DEM tylko do elewacji (rzeźby terenu), podczas gdy DTM może reprezentować nie tylko elewację, ale także inne rodzaje definicji terenu. [97],[45],[46],[81], takich jak wszelkie elementy geograficzne i cechy naturalne. Istnieje również kilka innych terminów", np. cyfrowy model wysokości DHM i cyfrowy model terenu DGM.
Gdy informacja zawiera wysokość każdego punktu, pochodzącego z terenu lub z powierzchni ziemi, DEM jest nazywany cyfrowym modelem powierzchni (DSM). chcemy wiedzieć o różnych podejściach do generacji DEM .
Istnieją dwa kroki niezbędne do utworzenia DEM:
1-Dobór danych (zbierając oryginalne współrzędne x,y,z)
2- Generacja DEM z wykorzystaniem generatorów DEM

1.1. Techniki zbierania DEM

DEM może być pozyskany kilkoma technikami, najczęściej są to pomiary terenowe, techniki fotogrametryczne, digitalizacja linii konturów z map topograficznych (digitalizacja źródeł danych kartograficznych) oraz techniki teledetekcji. W obu przypadkach rozdzielczość, z której pobierane są próbki punktów danych jest ważna dla określenia przydatności wynikowej DEM.
Pomiary naziemne wykonywane są przy użyciu technik konwencjonalnych (tachymetry, tachimetr, tachimetr totalny) lub GPS. Dokładność DEM jest bardzo wysoka przy użyciu tej metody, ale ma ona zastosowanie tylko do ograniczonych obszarów lub małych terenów. Takich jak obszar projektu, który jest mniejszy niż 100 akrów i jest pokryty wysokimi drzewami i / lub jest obszarem miejskim, tylko konwencjonalne techniki pomiarowe (Total station) są optymalne dla takiego projektu.
Pomiary fotogrametryczne wykonywane są na stereoploterze, aparacie analogowym, analitycznym lub cyfrowym.
Jeśli oprzyrządowanie do cyfrowej lub miękkiej kopii jest używane z technikami korelacji, zbieranie danych może odbywać się automatycznie (lub prawie automatycznie) . Jeśli DEM jest tworzony z wysokości punktów, to dokładność jest większa niż w przypadku tworzenia z konturów. Fotogrametryczna generacja DEM ma zastosowanie w projektach wielkopowierzchniowych, szczególnie w nierównym terenie, takich jak zapory, zbiorniki wodne, drogi. Ponadto metoda ta jest stosowana w całym kraju, szczególnie w połączeniu z ortofotomapami.
Fotogrametryczna generacja DEM może być wykonana przy użyciu jednej z trzech technik manualnych, półautomatycznych i automatycznych.
W technice ręcznej, która jest podobna zarówno w fotogrametrii analitycznej, jak i cyfrowej, punkty DEM są zbierane jako punkty losowe, a linie przerw i punktów wzniesienia są zbierane w całym modelu. Natomiast w technice półautomatycznej, punkty DEM są zbierane w trybie siatki systematycznej, a dodatkowe linie przerw i punkty losowe są dodawane w całym modelu. Natomiast w technice automatycznej, która pojawia się w fotogrametrii cyfrowej, punkty DEM są zbierane przy użyciu techniki autokorelacji. Linie przerw i punkty losowe mogą być dodawane w modelu w zależności od potrzeb.
Trzecią metodą jest digitalizacja linii konturów z istniejących map topograficznych, którą można wykonać na jeden z trzech sposobów: digitalizacja ręczna, półautomatyczne śledzenie linii oraz w pełni automatyczne skanowanie rastrowe. Dzięki tym trzem sposobom linie konturowe są przekształcane na ciągi danych o współrzędnych cyfrowych.
Dokładność DEM jest niska, ponieważ jest często uzyskiwana z konturów na średnich i małych mapach topograficznych. Jest używana do pokrycia całego kraju w małych skalach.
Ostatnią metodą jest technika teledetekcji z wykorzystaniem jednego z pasywnych lub aktywnych czujników obrazujących pogodę. Systemy pasywne opierają się na energii słonecznej odbijanej lub emitowanej od sceny. Przykładem systemu pasywnego jest SPOT. Z drugiej strony, systemy aktywne generują własne źródło energii, wysyłają ją na scenę i rejestrują zwracany sygnał. Takie jak dane z interferometrii RADAR oraz pomiary skanowania laserowego.
LIDAR (wykrywanie światła i zasięg) to stosunkowo niedawne dodatki do rynku DEM, które nie zostały jeszcze szeroko wykorzystane, pomimo ich zalet w zakresie dokładności i rozdzielczości w porównaniu z bardziej tradycyjnymi metodami.

Zastosowanie skanowania laserowego jest bardzo dokładne, podobnie jak GPS, ale szybsze[97],[45],[36],[11],[65],[104],[53]. Natomiast inne techniki teledetekcji najlepiej sprawdzają się na bardzo dużych obszarach, gdzie wysoka dokładność nie jest głównym przedmiotem zainteresowania.
Zebrane dane są narażone na szereg korekt, takich jak korekta dla różnych błędów, transformacja współrzędnych i redukcja danych [5].
I zajmiemy się później tymi czterema metodami w kilku szczegółach

1.2.Czynniki wpływające na wybór techniki pozyskiwania danych

1 Wielkość obszaru, który ma być badany
2- Wymagana dokładność
3-Ten cel, do którego potrzebujemy DEM
4-Wybór techniki regulowany jest przez dostępny budżet
5-dostępne oprzyrządowanie i rodzaje wprowadzanych danych
6-czasowa rama i przewidywane zastosowania[88]

1.3.Parametry pracy DEM

Wspólne parametry wydajnościowe wykorzystywane do charakterystyki DEM mogą być pogrupowane w dwóch kategoriach. Te, które mówią o rzeczywistych wymaganiach aplikacji w zakresie danych, takich jak dokładność pionowa, dokładność pozioma, odstępy między słupkami oraz te, które dotyczą kwestii użyteczności, takich jak dane pionowe, dane poziome, projekcja, format pliku, rozmiar pliku, metadane i edycja DEM.

1.3.1.Dokładność pionowa

Może być określony jako liniowy (tylko 1-D,Z) średni błąd kwadratowy RMSEZ w kategoriach stóp lub metrów w skali terenu, a nie w kategoriach interwału konturów.
Dokładność pionowa stosowana do map konturowych we wszystkich skalach publikacji powinna być taka, aby nie więcej niż 10 % badanych wysokości było błędnych w więcej niż połowie przedziału czasowego dla konturów.

1.3.2.Dokładność pozioma

Dokładność pozioma podlega tym samym statystykom co dokładność pionowa, z tym wyjątkiem, że błędy są przedstawiane w dwóch wymiarach (przestrzeń x/y).
Dokładność pozioma jest trudna do sprawdzenia w DEM, chyba że obraz jest zbieżny z DEM lub DEM jest gęsto umieszczony, a cechy liniowe są wyraźnie widoczne (dzięki czemu mogą być używane jako kontrola).

1.3.3.3.rozmieszczenie słupków

Księgowanie DEM odnosi się do regularnego rozmieszczenia punktów danych. Punkty te są wzniesieniami, które reprezentują poszczególne obserwacje. Tworzą one prostokątną siatkę w kierunkach x i y. Gęstość siatki decyduje o tym, jak dokładnie mogą być zlokalizowane różne punkty na nałożonym obrazie (przy założeniu odpowiedniej kontroli gruntu). Dla przykładu, 5-metrowy posterunek byłby uważany za bardzo dokładny dla wielu zastosowań, jednak posterunek ten odpowiada zestawom danych, które są bardzo duże i dlatego nie nadają się do analiz na poziomie regionalnym lub krajowym. Ponadto dokładność DEM jest całkowicie oddzielona od jego dokładności. 5-metrowy DEM może być bardziej dokładny niż 10-metrowy DEM, ale 10-metrowy DEM może być w rzeczywistości bardziej dokładny, jeśli posterunek wysokościowy został uzyskany przy zastosowaniu bardziej dokładnej technologii lub procedury.

1.3.4.Dane liczbowe w układzie pionowym

Istnieje kilka rodzajów wysokości, np. wysokości elipsoidalne, dynamiczne, normalne i ortometryczne, które zazwyczaj odnoszą się do różnych powierzchni odniesienia, wysokość w DEM odnosi się do wysokości ortometrycznych odnoszących się do pionowego punktu odniesienia.
Pionowy układ odniesienia jest zdefiniowany jako zbiór stałych określających układ wysokości. Realizacja pionowego układu odniesienia jest zbiorem stałych, układu współrzędnych i punktów, które zostały konsekwentnie określone przez obserwacje, poprawki i obliczenia.

1.3.5.Dane szczegółowe w układzie poziomym

Geodezyjny układ odniesienia określający układ współrzędnych, w którym znajdują się poziome punkty kontrolne.
Istnieje wiele poziomych punktów odniesienia, które mogą być globalne, takie jak WGS84, lub lokalne punkty odniesienia w Egipcie używamy Helmerta i czasami Hyforda.

1.3.6.Układ przewidywania i współrzędnych

DEM może być dostarczony na zwykłej powierzchni pokrytej siatką w układzie odniesienia poziomym, w którym siatka musi być rzutowana na powierzchnię we współrzędnych geograficznych (szerokość/długość geograficzna) lub prostokątnych, takich jak uniwersalny rtęć poprzeczna (UTM) lub współrzędnych płaszczyzny stanu. Należy zauważyć, że współrzędne geograficzne mają mniej problemów ze złączeniem krawędzi niż współrzędne UTM lub stanowe współrzędne płaszczyzny. [21]

1.3.7.Format danych DTM

Istnieją dwa podejścia stosowane do reprezentacji wektora informacji DTM lub formatu rastrowego.

1.3.7.1.format danych wektorowych

Podniesienia w znanych miejscach poziomych wyrażone są w postaci ich współrzędnych geometrycznych. Formatem wektorowym dla cyfrowych danych o wysokości topograficznej będzie ciąg elementów, z których każdy składa się ze współrzędnych poziomych i wysokości odpowiedniego punktu danych [5],[43].

1.3.7.2. 1.3.7.2. Format danych rastrowych

Mapa jest podzielona na piksele, których lokalizacje punktów danych są określone przez położenie wiersza i kolumny w pikselach, które zajmują. I odpowiadającą jej wartość poziomu szarości, gdzie poziom szarości każdego piksela jest cyfrową liczbą wyrażającą średnią wysokość obszaru zajmowanego przez ten piksel.
Format danych rastrowych jest stosowany w danych teledetekcyjnych i tych wytwarzanych przez automatyczne skanowanie map na papierze. We wszystkich przypadkach format danych rastrowych jest zawsze konwertowany na format danych wektorowych w celu zaakceptowania przez oprogramowanie do generowania DTM [5],[43].

1.3.8. 1.3.8. Rozmiar pliku

Rozmiar pliku danych będzie miał wpływ na sposób, w jaki użytkownik będzie mógł zarządzać i manipulować produktem.
Małe, zlokalizowane obszary mogą mieć nieregularną granicę rozmiaru pliku, który może być reprezentowany jako jeden plik. Schemat kafelkowania jest często używany do przetwarzania i zarządzania danymi DEM związanymi z droższymi projektami mapowania. Każdy z poszczególnych plików DEM w schemacie kafelkowania jest zgodny z jednolitą granicą rozmiaru pliku, z nakładaniem się na siebie poszczególnych kafelków.[21] Wymagania dotyczące przechowywania danych o danym rozmiarze pliku DEM będą miały bezpośredni związek z rozdzielczością przestrzenną danych wysokościowych reprezentowanych w DEM.

1.3.9. 1.3.9. Metadane

Metadane to dane o danych, plik metadanych opisuje w wysoce ustrukturyzowanej postaci kluczowe elementy powiązanego pliku danych [67],[21] innymi słowy, są to dane o zawartości, jakości, stanie i innych cechach danych, takich jak to, kto je wytwarza, ile ma lat i jakie szczególne problemy są o nich znane. Podobnie z wszelkimi danymi, ale szczególnie z obrazami, trzeba wiedzieć, skąd pochodzą, jakie jest ich przeznaczenie, jaka jest ich skala, format, czy zostały poddane ortorektyfikacji i tak dalej. Metadane, w przypadku zdjęć, powinny zawierać co najmniej: skalę, datę i czas, pasma, zasięg geograficzny, dokładność poziomą i pionową, informacje z czujników, jeśli dotyczy, nośnik zdjęcia, wysokość, azymut, stereo.[56] Jest to analogiczne do tego, co dzieje się w przypadku zdjęć.
legenda, która jest umieszczona na twardej mapie.

1.3.10.Edycja DEM

Produkty DEM pochodzące z dowolnego źródła zostaną poddane edycji w celu usunięcia plamek lub skorygowania cech kartograficznych (np. konturów), Użytkownik musi dokładnie określić poziom edycji, który jest wymagany dla danego zastosowania.

1.3.11. 1.3.11. Opis powierzchni

Istnieją dwie możliwości wyboru górnej i dolnej powierzchni.

- Powierzchnia wierzchołków, takich jak wierzchołki drzew, dachów i wież, słupów telefonicznych i innych elementów wykonanych przez człowieka.
- Dolna powierzchnia przedstawia goły teren ziemi, pozbawiony roślinności i cech stworzonych przez człowieka.

1.3.12.Jednostki

Zarówno jednostki poziome jak i pionowe muszą być realistycznie określone.
Jednostki poziome są zwykle określane na jeden z czterech sposobów 1- stopy do ---- miejsc po przecinku 2 metry do ---- miejsc po przecinku 3 stopnie po -----przecinku 4 stopnie, minuty i sekundy (DDD MM SS) do miejsc po przecinku.
Jednostki pionowe są określone albo jako stopy do ---- miejsc dziesiętnych, albo metry do -----miejsc dziesiętnych.[21]
3.4.Techniki wytwarzania DEM

1.4. Digitalizacja linii konturów z map topograficznych

Wykorzystanie cyfrowych linii konturów z istniejących map topograficznych do generowania modeli terenu jest najbardziej powszechnym podejściem stosowanym przez wiele instytucji w celu tworzenia dużych baz danych dotyczących elewacji. Przyczyny tej polityki są ekonomiczne i funkcjonalne [2].
Ponieważ istniejące mapy topograficzne zawierają bardzo niewiele wysokości punktów lub wzniesień, zajmujemy się pomiarem konturów [36], aby przekształcić takie dane konturowe z postaci graficznej na cyfrową [4].
Dzięki temu są one reprezentowane przez odpowiednio skonstruowane ciągi cyfrowych danych o współrzędnych, a następnie przetwarzane lub wyprowadzane z cyfrowych linii konturowych dane o wysokości lub wzniesieniu. Od samego początku należy uznać, że procedura taka zapewnia taką samą dokładność metryczną, jak bezpośrednie pomiary wysokości punktów wykonywane za pomocą pomiarów terenowych lub procedur fotogrametrycznych. [36]
Chociaż tę technikę pozyskiwania danych można uznać za proste, niedrogie, jak również podstawowe źródło generowania DEM w dużych regionach, ale wynik DEM jest mniej dokładny niż inne techniki.

1.4.1.1.Metody digitalizacji linii konturowych z istniejących map topograficznych

1- ręczna linia obejmująca następujące metody
2-automatyczna lub półautomatyczna linia wg. metod
3 automatyczne skanowanie rastrowe digitalizujące całe arkusze mapy[104]
<u>Kolejna linia</u> to proces, który identyfikuje szereg współrzędnych w poszczególnych liniach.

1.4.1.1.1.1 LINIA MANUALNA NASTĘPUJĄCA PO

Na rynku dostępna jest bardzo duża liczba obsługiwanych ręcznie urządzeń do digitalizacji, ale można je uznać za należące do jednej z dwóch klas mechanicznych urządzeń do digitalizacji lub tabletów [9],[5].

1.4.1.1.1.1 Tablet digitalizujący

Jest to urządzenie elektroniczne lub elektromagnetyczne. Składa się z tabletu, który potrafi z dużą precyzją wykrywać i przesyłać położenie kursora. [19],[88] Kursor może mieć dołączoną klawiaturę, za pomocą której można wprowadzać tekst i wartości liczbowe lub kody funkcji. Alternatywnie, można to zrobić za pomocą oddzielnej klawiatury alfanumerycznej lub przydzielając część powierzchni tabletu jako menu, w którym odkłada się szereg pojedynczych pól, aby zapewnić kodowanie funkcji lub nagłówki dla poszczególnych klas funkcji.[104]
Po ustawieniu mapy na powierzchni tabletu następuje rejestracja mapy. Oznacza to, że używana jest pewna liczba punktów kontrolnych. Jako minimum wymagane są współrzędne trzech punktów, zazwyczaj prawego górnego, lewego dolnego i jednego innego narożnika. Z tych punktów, wraz z ich współrzędnymi mapy i surowymi współrzędnymi digitalizatora, można obliczyć wszystkie parametry do konwersji danych na współrzędne mapy. Następnie rejestrujemy linie konturowe poprzez ręczne śledzenie linii za pomocą kursora, w wyniku czego otrzymujemy ciąg punktów o wartości x,y[62].
Jeśli mapa składa się z wielu arkuszy, oddzielne arkusze powinny być zdigitalizowane niezależnie i połączone cyfrowo (w tym ostatnim spakowane)[62].
W linii manualnej następujące po sobie linie ciągłe mogą być zbierane na jeden z dwóch sposobów, znanych odpowiednio jako tryb punktowy i tryb strumienia. tryb punktowy, który jest preferowany. W tym trybie operator musi powiedzieć komputerowi, aby nagrał każdą współrzędną punktową, naciskając przycisk na krążku. Podczas gdy w trybie strumieniowym współrzędne są rejestrowane w sposób ciągły [19] albo w bazie czasowej, albo w bazie odległości [36] poprzez umieszczenie kursora na początku linii, do komputera wysyłane jest polecenie rozpoczęcia rejestracji współrzędnych w bazie czasowej albo w bazie odległości, a operator przesuwa kursor na długość linii, starając się jak najdokładniej śledzić wszystkie zakręty i pofałdowania Na końcu linii konturowej lub na skrzyżowaniu, komputer jest proszony o zaprzestanie przyjmowania współrzędnych [88] Główną wadą digitalizacji strumieniowej jest to, że jeśli operator nie pracuje w oczekiwanym tempie, może zarejestrować zbyt wiele współrzędnych, które muszą być odfiltrowane lub odrzucone. [88] Ze względu na dużą gęstość generowanych danych, może to spowodować wiele problemów obliczeniowych w zakresie przechowywania i edycji danych w komputerze. W związku z tym opracowano szereg algorytmów mających na celu zmniejszenie ilości zbędnych danych, takich jak wybór każdego punktu, technika obliczeniowej odległości, metoda Douglasa i peukera, technika kompresji danych Lang'a, technika Li'a i wreszcie zastosowanie zasady simpsona, która daje nieco lepsze wyniki. Proces ten nazywany jest "kompresją danych"[4], jeśli ktoś chce uzyskać więcej informacji na temat kompresji danych, może je znaleźć na stronie [4].

1.4.1.1.1.2. Mechaniczny digitalizator ręczny

Niewiele urządzeń mechanicznych jest nadal w użyciu. Digitizer wykorzystujący mechaniczne prowadnice wyposażone w kursor pomiarowy i enkodery liniowe lub obrotowe do generowania pozycji współrzędnych x,y linii konturu. Następnie operator wykonał pomiary pozycji poszczególnych elementów punktów za pomocą kursora wyposażonego w znak pomiarowy[36],[104].

1.4.1.1.1.3. stacje do digitalizacji graficznej / edycji graficznej

Alternatywna procedura polegająca na wyświetlaniu w trybie on -line funkcji cyfrowych i potężnych interaktywnych urządzeń do edycji staje się coraz bardziej popularna wraz z pojawieniem się potężnych graficznych stacji roboczych wyposażonych w tablet cyfrowy jako integralną część systemu. Zdigitalizowane dane mapy są rysowane na ekranie i można nimi manipulować w zakresie różnych typów danych, takich jak linie proste, łuki, krzywe, budynki, symbole, tekst.
Korzystanie z systemu on -line w przypadku zadań takich jak ręczna digitalizacja konturów jest kosztowne, dlatego też istnieje duże zainteresowanie rozwojem podobnych, ale tańszych alternatyw opartych na wykorzystaniu małych, wydajnych mikrokomputerów podłączonych do tabletów cyfrowych [36],[104].
Istnieją pewne czynniki powodujące błędy w digitalizacji, takie jak złożoność linii, skala dokumentu źródłowego i ograniczenia czasowe, przez co dokument źródłowy wolny od zniekształceń nie jest dostępny.[19]

1.4.1.1.1.2 Czynniki wpływające na dokładność pozycjonowania ręcznej cyfryzacji

Rozdzielczość powszechnie stosowanych tabletowych digitalizatorów mieści się w zakresie 50-100µm ;rzeczywista dokładność współrzędnych x/y wytwarzanych przez samo urządzenie będzie mniejsza. Do tego rysunku należy dodać błędy popełnione przez operatora podczas pomiaru lub śledzenia linii konturowych oraz wszelkie zniekształcenia lub zmiany kształtu występujące w samym dokumencie mapy [36],[104] niektóre z tych trudności pokonujemy poprzez ustalenie siatki, której współrzędne trójwymiarowe są interpolowane i wprowadzane ręcznie do komputera za pomocą klawiatury .Każda linia konturowa jest śledzona indywidualnie przez siatkę. Na koniec, wszystkie punkty przecięcia z liniami siatki są zapisywane w odpowiedniej kolejności. Im drobniejsza siatka tym gładszy kontur [5],[43]
Ręczna linia po użyciu taniego sprzętu, z drugiej strony cierpi na niską prędkość pomiaru i rejestracji danych [84], jak również na czasochłonność.

1.4.1.1.2.1. LINIA AUTOMATYCZNA I PÓŁAUTOMATYCZNA NASTĘPUJĄCE PO SOBIE

Automatyczna i półautomatyczna linia podążająca za digitalizatorami to skaner, który jest ręcznie przesuwany do linii, a następnie opuszczany w celu automatycznego podążania za linią. 62] Są one klasyfikowane w dwóch kategoriach: te, które są oparte mechanicznie i te, które nie są.[104]

1.4.1.1.2.1. 1.4.1.1.2.1. Mechanicznie oparta na linii

Cieszyła się małą popularnością. I opierały się na użyciu jakiegoś sensora, który podświetlał i skanował niewielki obszar w celu ustalenia obecności i kierunku linii konturu i w ten sposób pozwalał na ciągłe śledzenie linii. Śledzenie było realizowane za pomocą silników krokowych uruchamiających albo śrubę ołowiową, albo układ zębatkowy przymocowany do prowadnicy, określający indywidualną oś współrzędnych. Każdy ruch któregokolwiek z tych prowadnic byłby wówczas mierzony przez liniowe lub obrotowe enkodery w taki sam sposób, jak w równoważnych ręcznie sterowanych digitizerach. Ze względu na częste rozgałęzienia lub krzyżowanie się linii, pewien rodzaj wyświetlania wideo, przy użyciu telewizora z obwodem zamkniętym do oglądania arkusza mapy .[36],[104]

1.4.1.1.2.2 Linia Fastrack po digitalizatorach

Wykorzystano w tym celu wiązkę laserową naprężoną przez sterowane komputerowo lustro do śledzenia śladów pojawiających się na folii komory bąbelkowej. Wiązka laserowa jest naprężana w celu zeskanowania linii wymagającej digitalizacji w lokalnym skanowaniu rastrowym. Trudności pojawiają się w miejscach, w których kontury leżą bardzo blisko siebie lub są zastąpione symbolami klifów, co może się zdarzyć w stromym terenie, w którym to przypadku operator będzie musiał przejąć operację cyfryzacji i wykonać ją ręcznie dla tego konkretnego obszaru arkusza .
Automatyczne i półautomatyczne śledzenie linii jest drogim sprzętem i posiada bardzo szybki pomiar i rejestrację.[104]

1.4.1.1.3. AUTOMATYCZNE SKANOWANIE RASTROWE DIGITALIZATORY

Może on skanować mapę w trybie rastrowym [88], tak że bardzo duża ilość danych musi być zapisana i przechowywana w formacie rastrowym.
Można go przekonwertować do formatu wektorowego za pomocą pakietów oprogramowania, a następnie interaktywnie edytować w celu skorygowania błędnie zwektorowanych linii [5]Skaner posiada źródło światła (zwykle laser o niskiej mocy) oraz kamerę telewizyjną z obiektywem o wysokiej rozdzielczości, która może być wyposażona w specjalny czujnik znany jako urządzenie CCD o sprzężeniu ładunkowym.
Skaner jest zamontowany na szynie i może być systematycznie przesuwany do tyłu i do przodu po powierzchni dokumentu źródłowego[88].
Skaner bębnów jest najczęściej używany do map. Ten typ skanera odbiera cały arkusz mapy, zwykle przymocowany do obracającego się bębna, który przesuwał się w sposób ciągły do przodu w krokach co do długości osi bębna. bardzo drobne przyrosty odległości mierzące ilość światła odbijanego przez mapę podczas jej oświetlania, albo za pomocą punktowego źródła światła, albo lasera. W tego typu liniach digitalizacyjnych, elementy, tekst itp. są skanowane na ich rzeczywistej szerokości i muszą być wstępnie przetworzone w celu rozpoznania przez komputer konkretnych obiektów kartograficznych. Na przykład linie konturowe.[62] Powstała w ten sposób mapa cyfrowa będzie miała pewne problemy, ponieważ będzie zawierała defekty oryginalnej mapy plus błędy spowodowane tym, że kontury znajdujące się blisko siebie będą przebiegały w grubych liniach zamiast kilku cienkich linii[88]
Alternatywnym typem skanera rastrowego jest skaner płaski.
Systemy automatyczne nadal wymagają od operatora wyznaczania wartości wysokości dla linii konturu, a także ręcznego usuwania błędów w danych konturu,

spowodowanych słabą pracą linii, ingerencją nie-konturów (np. tekstu lub powierzchni czołowej klifu) przez automatycznie skanowane linie konturu lub innymi niespójnościami [8].

1.4.1.2.Przetwarzanie danych DTM

Przetwarzanie wstępne danych DTM jest kompensacją braków pomiarowych, takich jak wykrycie błędu brutto i przygotowanie do przechowywania i konwersji, jak podział danych, zagęszczanie i zagęszczanie oraz wybór algorytmu interpolacji. Przetwarzanie wtórne zajmuje się operacjami prezentacji danych wyjściowych DTM w różnych formatach, takich jak uogólnienie kartograficzne... itp.[5].

1.4.1.3.Generatory DTM

Wiele modeli elewacji jest generowanych przy użyciu struktur TIN, gdzie głównym problemem nie jest efektywna technika interpolacji, ale wybór sieci triangulowanej, której rozkład węzłów najlepiej odzwierciedla rzeczywistą morfologię badanej powierzchni gruntu. Z drugiej strony niektóre modele elewacji są generowane jako grid DTM z cyfrowych linii konturowych poprzez różne algorytmy interpolacji, takie jak (średnie ważone ruchome, dwubiegunowe splajny, kriging, elementy skończone) [2].
Wydajność każdej procedury w dużym stopniu zależy od morfologii obszaru próbki, która ma być przetwarzana. Wyniki z jednego obszaru nie mogą być łatwo ekstrapolowane na inne regiony o różnych cechach rzeźby terenu.

1.4.1.3.1. Interpolatory oparte na siatce

Większość interpolatorów siatki ma wyraźny wpływ na główne ograniczenie: rozmiar komórki siatki używanej do konwersji wektorowych konturów wejściowych na strukturę siatki (rastra). Gdy wybrana komórka siatki jest bardzo mała, powiedzmy równa lub mniejsza niż 5mX5m , pojawiają się problemy z zarządzaniem procesorem i pamięcią masową, jeśli mają być przetwarzane stosunkowo duże obszary, powiedzmy (większe niż 1000km2).
W celu przezwyciężenia problemu, region wejściowy może zostać podzielony na subdomeny (kafelkowanie) i wynikające z tego DTM-y ostatecznie połączone.
W celu zminimalizowania efektów brzegowych, zadanie wymaga starannego połączenia sąsiednich płytek, które powinny częściowo zachodzić na siebie.
Jeśli komórka jest duża w porównaniu z rozstawem lub gęstością konturów mapy wejściowej, na wynikowy DEM często wpływają artefakty.
Siatka DTM spełnia kryteria jakości, gdy rozdzielczość DTM (wielkość komórki) jest mniejsza lub co najwyżej równa odstępowi między konturami mapy wejściowej.[2]

1.4.1.3.2.Generatory TIN

Zwolennicy TIN zawsze twierdzili, że taka konstrukcja przewyższa wszelkie modele elewacji oparte na siatce pod względem jakości danych i kompresji. Gdy dane źródłowe składają się z nieregularnie rozmieszczonych wysokości punktów, może to być w dużej mierze prawdą. Z drugiej strony, gdy dane wejściowe składają się z konturów, większość zalet TIN jest zanikiem. Generatory TIN nie mogą być łatwo stosowane w dużych regionach, bez wstępnego podziału regionu na płytki o odpowiedniej wielkości, a następnie starannego połączenia podrzędnych numerów identyfikacyjnych (TIN), co nie jest zadaniem realizowanym przez większość dostępnych na rynku systemów [2].

1.4.1.4.Kryteria oceny jakości DEM pochodzących z digitalizacji konturów

1-DEM wysokości leżące w pobliżu oryginalnych linii konturu muszą mieć wartości równe lub prawie równe wartościom podanym na etykiecie konturu
2- Rozkłady wysokości DEM, które określają nierealistyczne cechy morfologiczne (artefakty) powinny być ograniczone do małej (powiedzmy mniejszej niż 0,1 lub 0,2 procent) części całego zbioru danych.
3- W każdym obszarze ograniczonym parą konturów, wysokości DEM muszą przyjmować wartości w zakresie wysokości określonym przez dwie etykiety konturowe.
4- W obrębie takiego obszaru wysokość DEM powinna zmieniać się niemal liniowo pomiędzy elewacjami dwóch konturów ograniczających.
5- Na obszarach charakteryzujących się niską rzeźbą terenu, a mianowicie szerokimi dnami dolin lub płaskimi szczytami wzgórz, wzory wysokości DEM muszą odzwierciedlać rozsądną lub realistyczną morfologię [2].

1.4.1.5 Czynniki wpływające na jakość DTM

1-jakość danych źródłowych, takich jak kontury kartograficzne [6]
Algorytmy 2-programowe

1.4.2.Badanie gruntu (pomiary terenowe)

Dane mogą być pozyskiwane za pomocą tachimetrów elektronicznych, tachimetrów Total Station, tradycyjnych oprzyrządowań optycznych, takich jak teodolity i tachimetry, a nawet poziomów geodezyjnych do niwelacji siatki [9]dane mogą być również pozyskiwane za pomocą GPS [11].
Jednorazowe badanie gruntu w celu pozyskania danych tylko dla małych obszarów i daje bardzo wysoką dokładność.
W tych badaniach skupię się tylko na GPSie jako jednym z urządzeń naziemnych do zbierania DEM.
GPS jest systemem satelitarnym, który jest zdolny do dostarczania informacji o położeniu i prędkości w skali światowej, we wszystkich warunkach pogodowych w dowolnym miejscu na ziemi i o dowolnej porze (24 godziny na dobę). System ten został zainicjowany przez Departament Obrony USA, przede wszystkim do celów nawigacji, tj. pozycjonowania w czasie rzeczywistym[34].
Chociaż pozyskiwanie danych jest proste, a istniejące pakiety oprogramowania sprawiają, że przetwarzanie danych jest proste, użytkownicy powinni dysponować kompleksowym zapleczem w zakresie teoretycznych i praktycznych aspektów tego systemu, aby uzyskać spójne i dokładne wyniki. [53]

1.4.2.1.Segment GPS

GPS składa się z trzech odrębnych segmentów, z których każdy ma określone zadania i obowiązki.
1- Segment kontrolny
Segment 2-Space
Segment 3-Użytkownik

1.4.2.1.1.1 SEGMENT KONTROLNY

Istnieje pięć stacji monitorujących monitorowanych na całym świecie przez departament obrony odbiera wszystkie sygnały satelitarne [109] i jest odpowiedzialny za monitorowanie stanu zdrowia każdego satelity i przesyłanie parametrów orbitalnych do satelitów. [53] Gromadzą one również dane metrologiczne wykorzystywane do modelowania jonosferycznego i przekazują dane do głównej stacji kontroli, która znajduje się w Colorado i jest wysyłana do satelity, korekty zegara SV, polecenia SV i wszystko w danych NAV, takich jak czas systemu GPS, efemerydy SV, alamanach SV, SV zdrowia, dokładność zasięgu użytkownika, przekazać słowo [109].

1.4.2.1.2. SEGMENT KOSMICZNY

Składa się z 24 satelitów w konstelacji końcowej . Satelity są rozmieszczone w sześciu płaszczyznach orbitalnych, z nachyleniem 55° każdy plan ma cztery satelity na wysokości orbity 20200 km. Każdy z satelitów wykonuje około jeden obrót w ciągu 12 godzin [109].

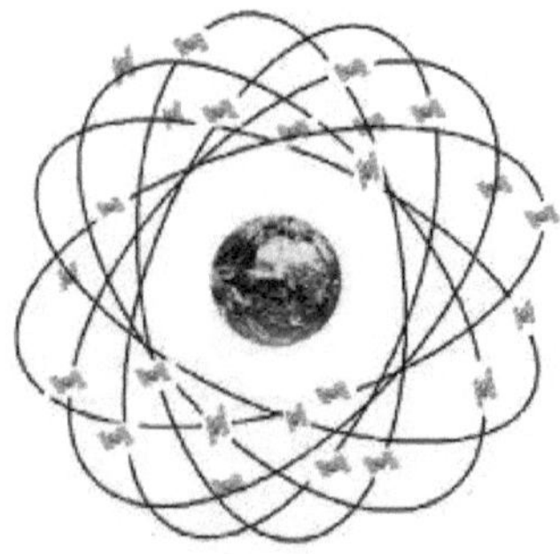

Rysunek 1 Segment przestrzeni.

1.4.2.1.3.SEGMENT UŻYTKOWNIKÓW

Składa się z różnych użytkowników cywilnych i wojskowych wyposażonych w odpowiednie odbiorniki, które wykorzystują GPS do pozycjonowania, nawigacji i pomiaru czasu [109].

1.4.2.2.Sygnały GPS

Sygnały transmisji GPS ześrodkowane na dwóch częstotliwościach nośnych 1575,42 MHz w odniesieniu do L1 oraz 1227,6 MHz w odniesieniu do L2 [31], które odpowiadają długościom fal λ1=19 cm oraz λ2 ==24 cm[33].
Aby uzyskać pozycje niezależnie w czasie rzeczywistym, sygnały muszą być zmieniane w taki sposób, aby można było uzyskać opóźnienie czasowe. Uzyskuje się to poprzez modulację nośnika za pomocą pseudo losowych kodów szumów. Dwa różne kody PRN wyrażone jako kod C/A lub zgrubny kod akwizycji modulowany za pomocą L1, oraz kod P lub kod precyzyjny, który jest przeznaczony wyłącznie do użytku wojskowego i modulowany za pomocą L1 i L2. 31] Dodatkową modulację do fal nośnych stanowi wiadomość satelitarna (dane NAV) . Trzecim składnikiem sygnałów GPS jest widmo rozproszone, przekazujące ogólne informacje o nośniku, przez który sygnały są przesyłane [109].
Kiedy odbiornik GPS jest przygotowany do pracy, jego antena musi być tak ustawiona, aby sygnały satelitarne nie były blokowane. Anteny GPS mogą znajdować się na zewnątrz pojazdów, ale nie w pobliżu wysokiego budynku lub w gęstej dżungli i oczekiwać, że sygnały satelitarne przenikają przez całą przeszkodę. [22]

1.4.2.3.Obliczanie pozycji

GPS wykorzystuje sygnały satelitarne, dokładny czas i zaawansowane algorytmy do generowania odległości do odbiorników naziemnych w celu zapewnienia ponownego wyznaczenia pozycji w dowolnym miejscu na ziemi [12].
Aby określić pozycję 3D potrzebujemy tylko trzech satelitów, ale jeśli weźmiemy cztery satelity, pozwala nam to na rozwiązanie problemu odchylenia zegara odbiornika [109].

1.4.2.4 Metody pozycjonowania

1.4.2.4.1. 1.4.2.4.1. Pozycjonowanie bezwzględne

Jeden odbiornik jest używany w pozycjonowaniu punktowym w celu określenia trójwymiarowej pozycji nieznanego położenia wyrażonej we współrzędnych kartezjańskich (X,Y,Z) lub współrzędnych geograficznych (Φ,λ,h) poprzez wykonanie pomiarów faz kodu PRN z minimum trzech satelitów [53] patrz rysunek 2.
Odbiorniki GPS posiadają repliki wszystkich kodów satelitarnych w pamięci pokładowej, których używają do identyfikacji satelity, a następnie do pomiaru różnicy czasu między sygnałem z satelity, a następnie do pomiaru różnicy czasu między sygnałem z satelity a odbiornikiem. Czas jest mierzony w miarę przesuwania przez odbiornik kodu repliki (pobieranego z pamięci), aż do osiągnięcia zgodności między kodem nadawanym a kodem repliki [12] Mnożąc ten czas przez prędkość światła, otrzymujemy odległość [104] W przeszłości selektywna dostępność S/A, która jest celową degradacją GPS[22] ograniczyła osiągalną dokładność pozycjonowania punktów do 100m w poziomie i 150m w pionie. S/A został wyłączony 2 maja 2000 r., w wyniku czego dokładność pozycjonowania punktowego poprawiła się do 8 m w poziomie i 15 m w pionie.[21]

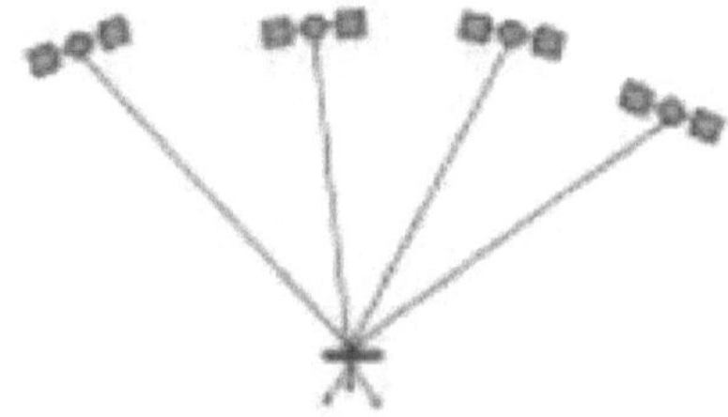

Rysunek 2 Pozycja bezwzględna.

1.4.2.4.1.1.1 Różnicowy GPS

W tej technice bardzo dokładny pomiar wektora pomiędzy dwoma punktami to Δx, Δy,Δz zazwyczaj jeden punkt jest znany w odniesieniu do odpowiedniego układu odniesienia geodezyjnego (bazy), a jeden lub więcej dodatkowych punktów (łazików) współrzędne GPS są określane w odniesieniu do znanego punktu [31] współrzędne obserwowanej stacji bazowej są porównywane ze współrzędnymi jej znanymi, a różnice są wprowadzane do obliczeń dla pozostałych odbiorników GPS umieszczonych na tych samych czterech satelitach. W każdej chwili błędy te można zmierzyć i odjąć od wszystkich takich rozwiązań GPS[22].

1.4.2.4.1.1.1 Przetwarzanie w czasie rzeczywistym

Mamy nadajnik radiowy w bazie, a odbiornik radiowy w łazience, dzięki czemu możemy obliczać poprawki w miarę jak dane są zbierane. Możesz nadawać z bazy poprawki w miarę ich obliczania, a łazik może je stosować w miarę przemieszczania się. [109]

1.4.2.4.1.1.2.Przetwarzanie wtórne

Dane zebrane z obu odbiorników mają te same znaczniki czasu. Oba pliki danych są następnie uruchamiane przez program, który dopasowuje znaczniki czasu i odejmuje z pliku rovingu ten sam błąd w tym samym czasie lub" epokę". [109]

1.4.2.4.1.1.3.Błędy resztowe DGPS

Generalnie, DGPS redukuje błędy atmosferyczne (jonosferyczne i troposferyczne) i orbitalne, eliminuje błędy zegara satelitarnego i odbiornika, oraz zwiększa szumy pojedynczego odbiornika. Błędy atmosferyczne i orbitalne są skorelowane z odległością; im krótsza jest linia bazowa separacji między odbiornikami, tym większa jest korelacja między tymi błędami w każdym odbiorniku. Błędy te są prawie takie same w dwóch odbiornikach oddzielonych krótkimi liniami bazowymi (od 1 do 30 km), tak więc różnicowe przetwarzanie danych z odbiorników wpłynie na niemal całkowitą eliminację błędów.[21]

1.4.2.4.2. Pozycjonowanie względne

Dwa odbiorniki GPS odbierają jednocześnie sygnały ze wspólnych satelitów.[53] patrz rys. 3.
Do pozycjonowania względnego potrzebne są cztery satelity. Przy pozycjonowaniu względnym, położenie jednego punktu na ziemi ustala się w stosunku do położenia znanego punktu [12] Osiągana dokładność zależy od pogody, fale nośne lub kody PRN są wykorzystywane jako podstawowy mierzony sygnał. Dokładność obserwacji zwiększa się wraz ze zmniejszaniem się długości fali, co oznacza, że nośna jest bardziej precyzyjna niż kody[53].

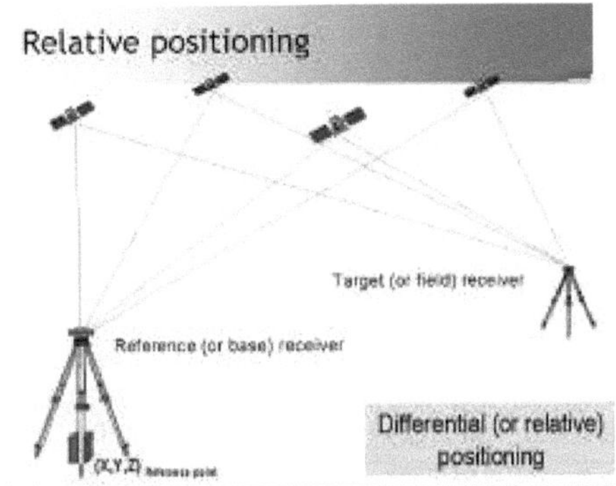

Rysunek 3 Pozycjonowanie względne.

1.4.2.4.2.1.Zróżnicowanie

Jest to technika jednoczesnych pomiarów bazowych i należy do jednej z trzech kategorii: różnica pojedyncza, różnica podwójna i różnica potrójna.[12]

1.4.2.4.2.1.1.1 Różnica pojedyncza

Gdy dwa odbiorniki obserwują jednocześnie tego samego satelitę [11] lub można to zrobić obserwując dwa satelity na jednej stacji[84].

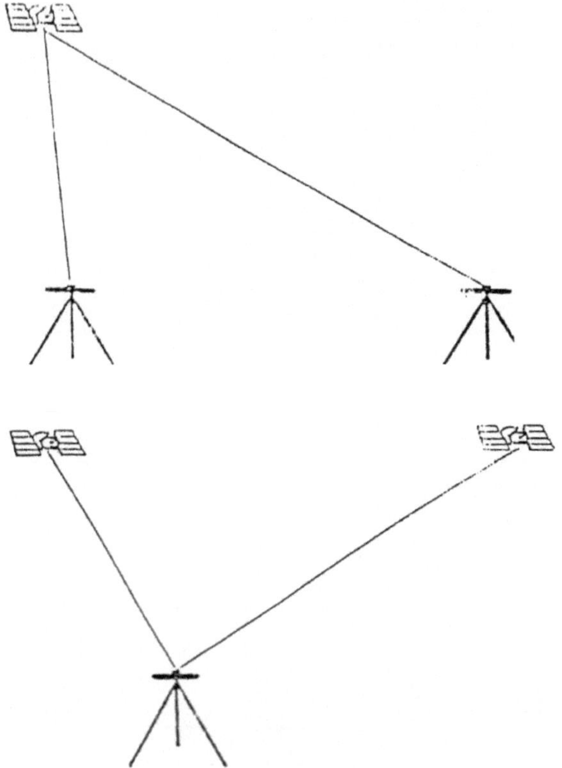

Rysunek 4 Pojedyncza różnica

1.4.2.4.2.1.2.2 Podwójna różnica

Gdy dwa odbiorniki śledzą dwa satelity w tej samej epoce[84]

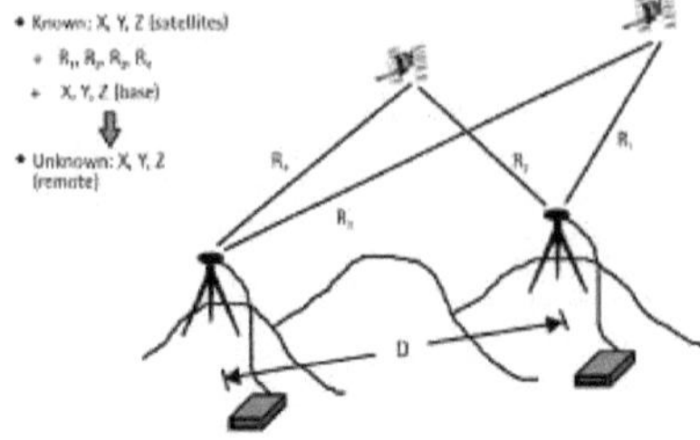

Rysunek 5 Podwójna różnica.

1.4.2.4.2.1.3.Potrójna różnica

Łączy dwie podwójne różnice w czasie.[109]

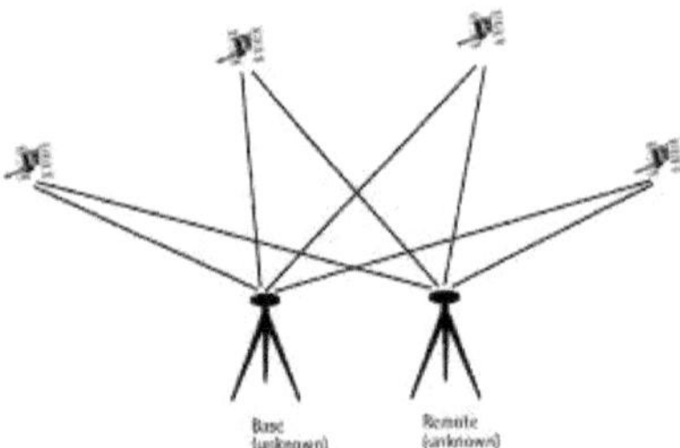

Rysunek 6 Potrójna różnica.

Różnicowanie w stosunku do satelitów usuwa błąd odbiornika, z drugiej strony różnicowanie w stosunku do odbiornika usuwa błąd satelity

1.4.2.5 Techniki obserwacji

1.4.2.5.1.Statyczne

Jest to najbardziej wiarygodna metoda pomiaru względnego.[53]Polega ona na obserwacji co najmniej dwóch odbiorników, obserwacji wspólnych satelitów jednocześnie przez około 60 minut sesji. Rzeczywisty czas trwania sesji zależy od liczby obserwowanych satelitów, ich geometrii i długości linii bazowej[109].
W celu przezwyciężenia efektu jonosferycznego należy użyć odbiornika dwuczęstotliwościowego dla długiej linii bazowej (100 km lub więcej), natomiast odbiornik jednoczęstotliwościowy dla krótkiej linii bazowej 25 km i efekt jonosferyczny jest anulowany przy zastosowaniu pojedynczej, podwójnej lub potrójnej różnicy.[53]

1.4.2.5.2. Szybka statyka

Jeden odbiornik umieszczony na znanej stacji (stacji bazowej) i jeden lub więcej odbiorników pracuje jako łazik [12] unikalną cechą szybkiego statycznego jest znacznie zredukowana lokalizacja
czas okupacji, ze względu na znacznie szybsze rozwiązywanie niejednoznaczności dzięki wykorzystaniu podwójnego kodu i danych fazy nośnika.[53]

1.4.2.5.3. Kinamatic

Jeden odbiornik pozostaje nieruchomy podczas okresu obserwacji, a jeden lub więcej odbiorników to łaziki, które zajmują po kilka minut w każdym punkcie. Używany jest pojedynczy odbiornik o małej wadze. Technika ta zapewnia najwyższy stopień gromadzenia danych. Oba odbiorniki muszą śledzić cztery wspólne
Satelity.[53] Jeśli któryś z odbiorników spadnie poniżej czterech satelitów (utrata śluzy), łazik musi wrócić do jednego z wcześniej zbadanych punktów lub innej znanej pozycji. Innym poważnym ograniczeniem jest to, że geodezja kinematyczna wymaga inicjalizacji niejednoznaczności liczb całkowitych przed przetworzeniem danych . Dla zastosowań topograficznych zbieramy dwie epoki. Po zakończeniu pomiaru, pliki danych z dwóch odbiorników są pobierane do komputera i jedna, podwójna, potrójna różnica
Pomiary są przetwarzane.

1.4.2.5.4. Pseudo Kinamatic

Wykorzystuje on fakt, że zmiana konfiguracji satelitów ułatwia rozwiązywanie niejednoznaczności. [53] Technika ta jest stosowana, gdy dostępnych jest mniej niż cztery satelity, lub gdy GDOP jest słaby .Stacje pomiarowe są zajęte co najmniej dwa razy w różnych przypadkach co najmniej godzinę na część [12]

1.4.2.5.5. Stop and Go

Jeden odbiornik referencyjny, a drugi łazik zatrzymuje się w punkcie zainteresowania, zbierając dane dla dwóch epok, a następnie przechodzi do następnego punktu. [109] Jeśli blokada zostanie utracona, odbiornik pozostaje nieruchomy, aż do momentu ponownego rozwiązania niejednoznaczności, aby można było kontynuować pomiar.[12]

1.4.2.5.6. Kinamatic RTK w czasie rzeczywistym

Jest bardzo podobny do stop and go Kinamatic w zakresie technik terenowych, ale wyniki są obliczane w terenie tylko kilka epok za zbieraniem danych. [109]
RTK wymaga stacji bazowej do pomiaru sygnałów satelitarnych i przetwarzania poprawek linii bazowej, a następnie do nadawania poprawek na dowolną liczbę odbiorników odbiorników rovingowych[12].

1.4.2.5.7. W locie Kinamatic

Technika ta pozwala na bardzo szybkie oszacowanie niejednoznaczności liczb całkowitych. W przypadku utraty śluzy operator kontynuuje badanie i nie musi ponownie zajmować znanej lokalizacji lub wcześniej badanego punktu [53] Posiada tę samą technikę terenową co Kinamatic.

1.4.2.6.Rozważania dotyczące planowania

Kwestie sprzętu, technik obserwacji i organizacji są ważne.
Geodezja GPS różni się od klasycznej geodezji, ponieważ jest niezależna od pogody i nie ma potrzeby niepodzielności między obiektami z powodu tych różnic geodezja GPS wymaga różnych technik planowania, realizacji i przetwarzania.
Optymalne planowanie badań GPS musi uwzględniać kilka parametrów, takich jak konfiguracja miejsca lub satelity, liczba i rodzaj odbiornika, który ma być używany aspekty ekonomiczne. Faza planowania powinna obejmować pewne aspekty związane z przetwarzaniem danych.
Należy zaplanować następujące aspekty misji
1 - czas trwania misji
2 - spodziewana trajektoria misji.
3 - długość linii bazowej (bazowych) pomiędzy odbiornikami.
Należy określić optymalny dzienny okres obserwacji i zdecydować, jak należy go podzielić na sesje (okresy, w których dwa lub więcej odbiorników śledzi jednocześnie te same satelity). Optymalnym oknem dostępności satelitów jest okres, w którym można obserwować maksymalną liczbę satelitów jednocześnie.
Oprogramowanie do planowania misji lub usługi przez Internet od niektórych producentów GPS mogą być wykorzystywane do przewidywania zasięgu satelitów na określonym obszarze projektu w określonym czasie trwania misji. Innym aspektem przy wyborze okna jest załamanie jonosferyczne. Obserwacje w godzinach nocnych mogą być odpowiednie, ponieważ efekt jonosferyczny jest zwykle cichszy w tym czasie . Zazwyczaj jednak, ze względów organizacyjnych, preferowane są godziny dzienne.
Na przykład dobrym momentem na rozpoczęcie pierwszej sesji pomiarów statycznych jest sytuacja, w której cztery lub więcej satelitów znajduje się powyżej kąta nachylenia 15-20 stopni, a ostatnia obserwacja tej sesji powinna na ogół zakończyć się, gdy czwarty satelita spadnie poniżej 15-20 stopni.
Istnieje pięć czynników, które decydują o długości danej obserwacji. Są to:
1- Względna geometria satelitów i zmiana geometrii
2- Liczba satelitów
3- stopień zaburzenia jonosferycznego (dla odbiorników jednoczęstotliwościowych) bardziej dla wyższych wysokości i w ciągu dnia.
4- Długość linii podstawowej
5 - Ilość przeszkód w miejscach takich jak budynek, drzewa, które mogą odbijać sygnał i powodować wielodrogowe odbicia do anteny.
Błąd wielodrogowy jest najtrudniejszym do opanowania błędem, ponieważ jest on lokalny dla jednej z anten i dlatego nie może być tłumiony w różnicowym rozwiązaniu GPS. Najlepszą metodą tłumienia wielodrożności danych jest antena z płaszczyzną gruntu lub pierścieniem dławiącym.
miara geometrii satelitarnej GDOP, która odzwierciedla tylko chwilową geometrię związaną z jednym punktem.[10],[21]

1.4.2.7.Przetwarzanie

Dane GPS mogą być przetwarzane na dwa sposoby: w czasie rzeczywistym lub pogody. Program do przetwarzania danych GPS jest zazwyczaj uruchamiany na komputerze kompatybilnym z komputerem PC. Jest on dokładniejszy i bardziej spójny, niż w czasie rzeczywistym. Najprostszą taką techniką jest obliczanie historii czasu pozycji w przód i w tył w czasie, a następnie łączenie ich w pewien sposób, aby zapewnić maksymalną dokładność pozycji w każdym punkcie czasowym. Prosta metoda zapewnienia jakości danych porównuje separację pomiędzy historiami czasowymi pozycji w przód i w tył, a tym samym identyfikuje błędy rozdzielczości niejednoznaczności lub błędne poprawki w obu rozwiązaniach, gdy różnica przekracza kilka centymetrów.
Precyzyjne pozycjonowanie punktowe (ppp) odnosi się do obliczania pozycji po zakończeniu misji z wykorzystaniem obserwacji z jednego odbiornika oraz precyzyjnych parametrów orbity satelitarnej i kalibracji atmosferycznej. Dokładne parametry mogą być pobierane przez Internet z kilku źródeł, takich jak IGS, zazwyczaj kilka dni po zakończeniu misji. Innymi źródłami dokładnych danych po zakończeniu misji są JPL i stale działający system odniesienia (CORS)[21].

1.4.2.8. Źródło błędów GPS

Istnieje wiele źródeł błędów dotyczących orbit i pozycji satelitów, błędów zegara i innych błędów sygnału satelity, wpływu warunków atmosferycznych (jonosfera i troposfera) na transmisję sygnału i innych możliwych skutków błędów anteny i odbiornika, takich jak selektywna dostępność SA, antyseptyczność AS, wielodrogowość, poślizg cyklu, utrata blokady, , przesunięcie anteny, całkowita niejednoznaczność.[33] patrz rysunek 7.

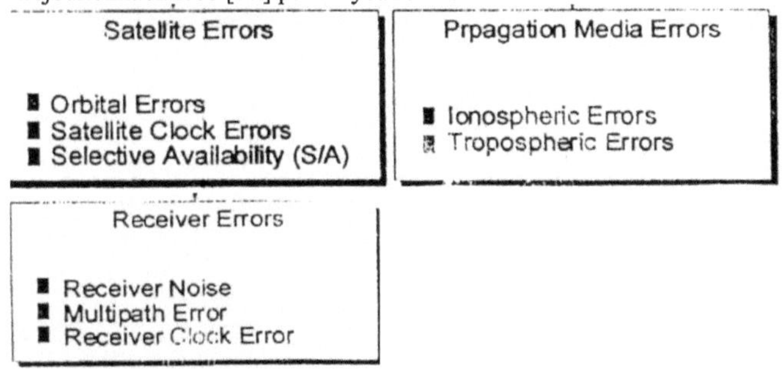

Rysunek 7 Błędy GPS.

GPS działa w systemie, który jest niewygodny dla większości z nas. Rozwiązaniem tego problemu jest włączenie do sieci GPS pewnej liczby punktów kontrolnych.
Które mają znane wartości w lokalnym systemie.
Dwie stacje poziome i trzy pionowe są minimalną liczbą wymaganą do przekształcenia siedmiu parametrów z WGS84 na układ lokalny. Po ustaleniu tych wartości w końcowej regulacji, oprogramowanie obliczy rotację, współczynnik skali i przesunięcie na układ lokalny.[109]

Wysokość ta jest powiązana z elipsoidą WGS84 i chcemy, aby wysokość była powiązana z geoidą (wysokość ortometryczna) . Wysokość ortometryczną można obliczyć, jeśli mamy dokładną geoidę dla danego obszaru .Tak więc używamy jednej z technik określania geoid, takich jak technika astrogeodezyjna, technika grawimetryczna, technika astrograwimetryczna,
technika sztucznego satelity, i tak dalej.

N=h-H

Gdzie h normalna wysokość

H wysokość ortometryczna

N falowanie geoidalne

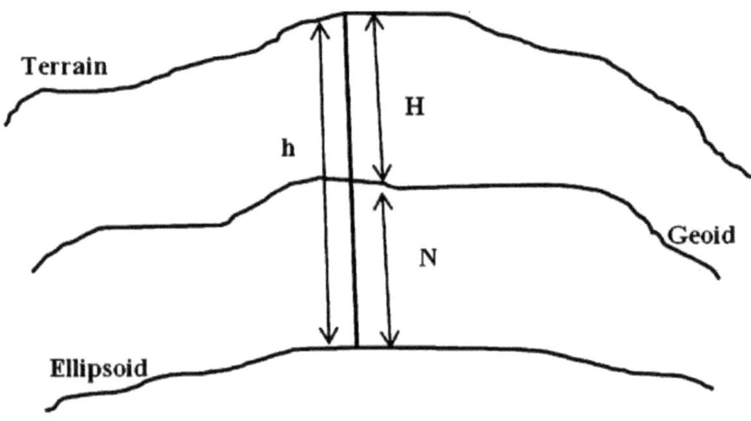

Rysunek 8 Zależność między wysokością elipsoidalną i ortometryczną.

1.4.3.Techniki fotogrametryczne

Metody fotogrametryczne do ekstrakcji DEM mieszczą się w kilku kategoriach
Metody 1-Stereokompilacji, które obejmują

- Tradycyjne ujęcia fotogrametryczne z analitycznymi stacjami roboczymi wykorzystującymi bezpośrednie podglądanie zdjęć filmowych.
- Fotografowanie za pomocą cyfrowych stacji roboczych fotogrametrycznych z wykorzystaniem cyfrowych lub cyfrowych obrazów źródłowych

2- Automatyczne zbieranie danych o elewacji poprzez korelację cyfrową z filmów cyfrowych lub obrazów cyfrowych, uzupełnione przez edycję za pomocą stacji roboczych do analizy lub kompilacji cyfrowej.

Podejścia 3-hybrydowe.[21]
Fotogrametryczna generacja DEM jest wykorzystywana w inżynierii wielkogabarytowej.
Projekt szczególnie w trudnym terenie. [45],[36],[104]

1.4.3.1. Czynniki wpływające na dokładność DEM uzyskiwanego z tradycyjnego zapisu fotogrametrycznego

1- Skala i rozdzielczość fotografii lotniczej
2- Wysokość lotu, na której wykonano zdjęcie
3 - Współczynnik wysokości podstawy, który opisuje charakterystykę geometryczną nakładających się na siebie zdjęć
4- Dokładność instrumentu stereoplotowego używanego do pomiarów [45],[36],[104] ,[21]
Rzeczywisty wybór skali fotograficznej, który zostanie dokonany, będzie zazwyczaj zależał od wymaganej skali odwzorowania lub modelu terenu oraz odstępu czasu między konturami, który można uzyskać na podstawie danych DEM . Skala fotograficzna jest bezpośrednio związana z wysokością lotu statku powietrznego i ogniskową aparatu powietrznego używanego do misji fotograficznej.
Zauważymy, że stosunek pomiędzy skalą fotograficzną a mapową wyraźnie maleje w miarę przechodzenia od mapowania w dużej skali (gdzie współczynniki powiększenia wynoszą 6) do mapowania w małej skali (gdzie niewielkie powiększenia lub nawet redukcje są częste). (np. duża skala mapy 1:2500 współczynnik powiększenia wynosi 4, jest on uzyskiwany ze skali fotograficznej 1:10000) również dokładność, z jaką można mierzyć wysokość punktową wzniesień do modelowania terenu zależy od relacji odległości pomiędzy kolejnymi zdjęciami (baza powietrzna B) a wysokością lotu H tzw. współczynnik wysokości bazy B:H, który zależy od ogniskowej i pokrycia kątowego aparatu fotograficznego.
Im większy jest stosunek wysokości podstawy, tym dokładniejsze są pomiary. Na pierwszy rzut oka wydaje się więc, że superszerokokątna fotografia jest zoptymalizowana do pomiaru wysokości. Negatywną stroną stosowania superszerokokątnej fotografii jest to, że jest ona związana z małą skalą fotograficzną i słabą rozdzielczością podłoża, dlatego też stosujemy fotografię szerokokątną ze współczynnikiem B:H 0.6, ponieważ daje ona wymagania dobrej skali i rozdzielczości.
jak również bardzo dokładny pomiar wysokości.[45],[36],[104]
DTM może być tworzony z wysokości punktowej lub linii konturów. Jeśli DTM jest tworzony z wysokości plamki, to dokładność jest wysoka. W pierwszym przypadku operator ogląda model stereoskopowo i wyprowadza znak pomiarowy (pływający) wokół modelu, aby zarejestrować trójwymiarowe współrzędne [116], podczas gdy w drugim przypadku operator umieszcza znak pomiarowy na pewnej wysokości, a następnie śledzi kontury przesuwając pływający znak po ziemi. Zmierzone dane są przechowywane jako pliki cyfrowe do przetworzenia.

1.4.3.2.Pobieranie próbek

Pobieranie próbek dotyczy pomiaru cech rzeźby terenu wydobywanego i strukturalnego. [77] Pobieranie próbek może być manualne, tzn. operator ludzki prowadzi stereoploter Istnieje kilka wzorców pobierania próbek. Optymalna strategia próbkowania, która polega na pozyskiwaniu danych DEM z najmniejszą liczbą punktów próbkowania, a jednocześnie na tworzeniu konturów spełniających wymagane specyfikacje dokładności [3].
Wybór wzoru pobierania próbek zależy od konkretnego typu instrumentu dostępnego do pomiaru fotogrametrycznego [36].
W rzeczywistości w praktyce powszechnie stosowane są jedynie schematy selektywnego i systematycznego pobierania próbek [3].

1.4.3.2.1. 1.4.3.2.1. SYSTEMATYCZNE POBIERANIE PRÓBEK (POBIERANIE PRÓBEK Z SIATKI)

Podejście oparte na siatce jest najłatwiejsze do wdrożenia w sterowanych komputerowo instrumentach fotogrametrycznych, takich jak ploter analityczny [104].
Wzór systematyczny jest wykonywany na podstawie siatki.
Wysokość punktu może być mierzona w regularnej siatce geometrycznej (kwadrat, prostokąt, trójkąt). Metoda ta jest preferowana w każdym rodzaju operacji fotogrametrycznych, które są w pełni lub częściowo zautomatyzowane. Węzły siatki mogą być programowane i napędzane pod kontrolą komputera [45],[36],[104].
Metoda ta ma zalety i wady interpolacji gridowej.

1.4.3.2.2. STOPNIOWE POBIERANIE PRÓBEK

Aby przezwyciężyć wady podejścia opartego na siatce, stosujemy próbkowanie progresywne [104], które jest na wpół ręczną metodą pobierania próbek reigonów głównie jednorodnej rzeźby terenu. [78]. Tutaj gęstość próbkowania jest zróżnicowana w różnych częściach siatki w zależności od chropowatości powierzchni terenu [45],[104] Oznacza to, że próbkowanie i analizę danych przeprowadza się łącznie[88].
Próbkowanie progresywne obejmuje serię następujących po sobie przebiegów, rozpoczynających się najpierw od wzoru siatki o niskiej rozdzielczości lub szeroko rozstawionej, aby zapewnić ogólne pokrycie wysokości na całym obszarze modelu. Następnie analizuje się rzeźbę terenu i jego nachylenie za pomocą komputera on-line podłączonego do urządzenia fotogrametrycznego. W ten sposób powstaje podstawowa siatka określona przez zmniejszenie o połowę komórki siatki na pewnym ograniczonym obszarze na podstawie wyniku analizy terenu [45]. Pomiary punktów wysokości przy zwiększonej gęstości wykonywane są pod kontrolą komputera. Następnie przeprowadzana jest dalsza analiza dla każdego z tych obszarów, dla których zmierzone dane zostały zwiększone lub zagęszczone. Na podstawie drugiej analizy można zalecić zwiększenie zagęszczenia punktów dla jeszcze mniejszych obszarów. Zazwyczaj trzy takie przebiegi lub iteracje są wystarczające do uzyskania danych o terenie niezbędnych do określenia zadowalającego modelu [104].
Próbkowanie progresywne działa dobrze, gdy na zdjęciach nie ma żadnych anomalnych obszarów, takich jak smugi chmur czy przedmioty stworzone przez człowieka, najlepiej jest stosować je w terenie regularnym lub pół regularnym z poziomymi, lekko pochylonymi lub gładko pofałdowanymi powierzchniami. Umiarkowanie nierówny teren z wyraźnymi cechami morfologicznymi i niektórymi

anomaliami może być lepiej obsługiwany przez modyfikację próbkowania progresywnego, zwanego próbkowaniem złożonym.[88]

1.4.3.2. 3.1.4.3.2. POBIERANIE PRÓBEK LOSOWYCH (POBIERANIE PRÓBEK SELEKTYWNYCH)

Losowe pobieranie próbek jest szeroko stosowane przez geodetów terenowych, a czasami wykorzystywane przez fotogrametrów [104].
Jest on używany do selektywnego pomiaru wysokości tylko w znaczących punktach, które są wybierane przed lub w trakcie procesu pobierania próbek [88].
Na przykład na szczycie wzgórz, w zagłębieniach i wzdłuż przerw w zboczu, linie jezdne i potoki. W ten sposób wszystkie mierzone punkty są identyfikowane przez geodetę lub fotogrametrę losowo na podstawie jego oględzin i interpretacji cech terenu. Następnie jest on wykonywany ręcznie.[77] W rezultacie nieregularna sieć punktów jest bardziej rozbudowana, ponieważ operator musi uwzględnić strukturę i układ mierzonych danych [45],[36],[104].
Metodę tę stosujemy w nierównym terenie z wieloma nagłymi zmianami [88], na zboczach terenu, obrzeżach powierzchni wodnych, chmurach i obszarach obrazowych o słabym "trzymaniu" stereoskopowym.

1.4.3.2. 4. POBIERANIE PRÓBEK ZŁOŻONYCH

Jest to kombinacja systematycznego[104] w niektórych książkach progresywnego [77] i losowego pobierania próbek. Jest ona często używana, gdy do pomiarów wysokości używa się nieautomatycznego, kontrolowanego przez operatora typu urządzenia stereoplotowego. W tym przypadku stosuje się schemat pomiaru siatki i uzupełnia go o pomiary losowe dokonywane w znaczących punktach[45],[36],[104].

1.4.3.3. 1.4.3.3. Zmierzone kontury

Zmierzyć kontury na całej powierzchni stereomodelu, śledząc je za pomocą ruchomego znaku w urządzeniu. Wyświetlanie pomiarów w postaci ciągów współrzędnych cyfrowych. W tej metodzie oczekiwana dokładność będzie mniejsza niż wysokość punktu pomiarowego.[45],[36]

1.4.3.4.metody stereokompilacji

1.4.3.4.1.TRADYCYJNY ZAPIS FOTOGRAMETRYCZNY ZE STANOWISKAMI ANALITYCZNYMI

Klasyczne oprzyrządowanie składające się ze stereokompratorów i analogowych stereoploterów zniknęło całkowicie z rynku i zostało zastąpione przez plotery analityczne.[33] Tak więc ta część badań dotyczy generacji DEM z plotera analitycznego.
Ploter analityczny dominuje na rynku ze względu na rozwój niedrogich, wydajnych komputerów PC [116] z jednej strony oraz zaawansowanych i coraz wydajniejszych graficznych stacji roboczych z drugiej strony. [39]
Ploter analityczny składa się z precyzyjnego stereokomparatora i koordynatografu połączonego z elektronicznym komputerem cyfrowym [100].
Nie tworzą one ani modelu optycznego ani mechanicznego. raczej obliczają model matematyczny [116]
Rozwiązanie matematyczne może być wdrożone na trzy sposoby

1 - Zastosowanie komparatora jako urządzenia pomiarowego i wykonanie analitycznego roztworu fotogrametrycznego jako procesu off-line przeprowadzanego później w komputerze (komparator i roztwór off-line)
2-Przy użyciu komparatora, ale z numerycznym rozwiązaniem obliczeniowym wykonanym jako proces on line (komparator i rozwiązanie on line)
3- Konstrukcja i działanie plotera analitycznego, w którym komputer jest całkowicie zintegrowany z projektem urządzenia, a rozwiązanie numeryczne jest zawsze procesem on-line wykonywanym w czasie rzeczywistym, w wyniku czego powstaje stereomodel o stałej orientacji (ploter analityczny) .[104] Oznacza to, że dane o wysokości mogą być próbkowane bezpośrednio z ilościowych pomiarów fotogrametrycznych ze zdjęć lotniczych na ploterze analitycznym [8].
Należy zauważyć, że niektóre rodzaje analitycznych urządzeń fotogrametrycznych nie nadają się do zbierania danych DTM, ponieważ nie mogą one mierzyć wysokości. Należą do nich instrumenty monoskopowe, takie jak monokompratory i cyfrowe monoplotery, w których jednocześnie można zmierzyć tylko jeden obraz fotograficzny, a więc nie ma dostępnych stereomodeli do pomiaru wysokości i konturów wymaganych do modelowania terenu.[36]
Istnieją cztery wyróżniające się rodzaje takich instrumentów
1- Te oparte na wykorzystaniu lustrzanych stereoskopów skaningowych do zapewnienia mechanizmów pomiaru / podglądu / skanowania plotera analitycznego.
2- Te, które mają swój początek w optycznym transferze typu instrumentu pozwalającego na jednoczesne oglądanie zdjęć fotograficznych lub zeskanowanych oraz drukowanej mapy.
3- Te, które mieszczą fotografie małoformatowe, które są przeznaczone głównie do wykorzystania w dziedzinie fotogrametrii bliskiego zasięgu.
4- Te, które są konwersją istniejących analogowych maszyn stereoplotowych i stały się pełnoprawnym ploterem analitycznym.[39]
Odpowiednie instrumenty analityczne, w których można tworzyć i oglądać stereomodel, można podzielić na trzy główne typy
a-obrazowe plotery kosmiczne
b-Ploter analityczny z podstawową współrzędną obrazu
c-Ploter analityczny z podstawową współrzędną obiektu

1.4.3.4.1.Kosmiczny ploter obrazu

W ploterze przestrzennym pokazanym na rysunku 3-9 współrzędne x,y obrazu (zdjęcia) są mierzone i stanowią podstawowy wkład do rozwiązania fotogrametrycznego (odwrotność równania współliniowości). W tego typu instrumentach nie są one zorientowane (wynik stereomodelowy bez paralaksy, a więc pomiar szczegółów planu i wysokości może być dokonywany tylko na zasadzie punkt-punkt [104].
Koła ręczne napędzają ruchy x i y lewego zdjęcia pod kontrolą operatora. Koło nożne służy do przekazywania ruchu px(x paralaksa) wymaganego do wykonania pomiaru wysokości (z). Wszystkie trzy wartości współrzędnych (x1,y1,px2) są zakodowane cyfrowo i wysłane do komputera .Komputer wygeneruje współrzędne modelu x,y,z oraz współrzędne terenu E,N,H, które mogą być zapisane na nośniku magnetycznym.[36],[104]
Wydaje się, że obniżony koszt posiadania i eksploatacji jest czynnikiem decydującym o akceptacji tego typu instrumentu analitycznego [39].

Ze specyficznego punktu widzenia pozyskanie danych o uniesieniu DTM jest najmniej wydajnym rodzajem instrumentów analitycznych. Ponieważ nie istnieją napędy sterowane komputerowo ani urządzenia zwrotne, jedynym wzorcem próbkowania, który może być zaimplementowany, jest próbkowanie selektywne [36],[104] Ponadto, scince nie istnieje żaden stereomodel bez paralaksy zorientowanej, możliwe jest wykonywanie bezpośrednich pomiarów konturów[36].
Instrument, który wdraża to podejście, to między innymi zeiss oberkochen stereocard G3

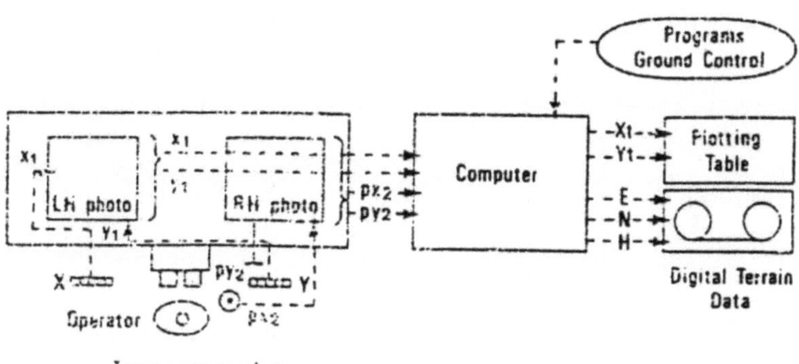

Rysunek 9 Kosmiczny ploter obrazu.

1.4.3.4.2. ploter analityczny ze współrzędnymi obrazu pierwotnego

W ploterze analitycznym ze współrzędnymi obrazu współrzędne pierwotne 3-10 x,y są podstawą Roztworu fotogrametrycznego (odwrotność równania współliniowości), którego wynikiem jest stale zorientowany stereomodel, na którym można dokonywać pomiarów wysokości terenu [36].
Dwa ręczne koła, obsługiwane ręcznie przez fotogrametra, fizycznie przesuwają lewą płytkę do każdego mierzonego lub wykreślanego punktu. W ten sposób generowane są współrzędne x,y lewego zdjęcia x1,y1 . Koło nożne nadaje wymagane wartości wysokości z poprzez wyświetlenie prawego zdjęcia w kierunku x, tzn. nadaje px2 prawego zdjęcia. Końcowe ręczne wprowadzenie to y paralaksa py2, która może być wprowadzona przez operatora podczas wstępnej fazy orientacji, gdy urządzenie jest ustawiane przed pomiarem poszczególnych punktów lub wykreśleniem mapy.
Cztery wejścia (x1,y1,px2,py2) są przesyłane do komputera sterującego jako cyfrowe współrzędne obrazu za pomocą enkoderów.
Po zakończeniu fazy orientacji, komputer oblicza małe korekty dpx2,dpy2 wymagane do zachowania w pełni zorientowanego modelu dla każdej pozycji mierzonej przez operatora, korekty te są przekazywane w sposób ciągły na odpowiednie zdjęcie za pomocą małych silników. W tym samym czasie, komputer nieustannie oblicza współrzędne modelu x,y,z i terenu E,N,H każdego mierzonego punktu, które mogą być zapisane na taśmie lub dysku [36],[104].
Instrumenty, które wdrażają to konkretne rozwiązanie obejmują

1-Gallileo Cyfrowy stereokartograf i galilio Digicart 20
2- Przyrząd AP-190
3- Topcon P-A 1000
4- Topcon P-A 2000
5- The Autometics APPS IV[36],[104],[39]

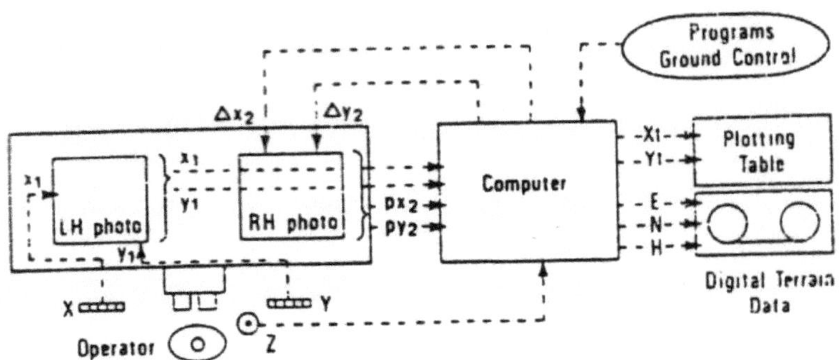

Rys. 10 Ploter analityczny z podstawowymi współrzędnymi obrazu.

Ponownie, patrząc na klasę plotera analitycznego z punktu widzenia możliwości jej zastosowania do pozyskiwania danych o elewacji DTM, sytuacja jest nieco lepsza od opisanej już wcześniej dla plotera przestrzennego. Oczywiście fakt, że instrumenty te posiadają stereomodel bez paralaksy oznacza, że pomiary wysokości poszczególnych punktów mogą być wykonywane przez operatora w znacznie bardziej efektywny i komfortowy sposób, a także, że możliwe jest wykonywanie bezpośrednich pomiarów konturów.[36]
Przyrząd, który realizuje obiekt, współrzędne podstawowe używane. Głównym powodem jest przezwyciężenie podstawowego ograniczenia podstawowego rozwiązania w postaci współrzędnych obrazu, które w praktyce nie pozwala na jazdę do określonej pozycji terenowej pod kontrolą komputera. Co może być istotną kwestią przy pomiarze wysokości w określonych pozycjach [39].

1.4.3.4. 3. 1.4.3.4. Plotery analityczne z podstawowymi współrzędnymi obiektu

W ploterze analitycznym z obiektem o współrzędnych podstawowych 3-11 współrzędne obiektu x,y,z lub terenu E,N,H są podstawowym wejściem do rozwiązania fotogrametrycznego (równanie współliniowości), którego wynikiem jest wolny od paralaksy stereomodel, na którym pomiar wysokości może być wykonany ręcznie przez operatora lub automatycznie za pomocą korelatora obrazu[36].
W tym typie ruchu koła ręcznego x i y oraz koła z nożnego są zakodowane i przechodzą bezpośrednio do komputera sterującego. Wartości dx1,dy1,dx2,dy2 są przekazywane w sposób ciągły na zdjęciach z lewej i prawej strony, aby zapewnić

zarówno prawidłowe ustawienie znaku pomiarowego, jak i jednoczesne utrzymanie stereomodelu w orientowanej, wolnej od paralaksy[36],[104].
Instrumenty, które wdrażają to konkretne rozwiązanie obejmują
1-Wild Aviolyt AC-1, BC-1, BC-2
2-Zeiss oberkochen planicomp serii c-100 i p
Seria 3-Kern DSR
4-Matra Traster
5- Seria OMI-AP
Technologia 6-ADAM
Analizując klasę oprzyrządowania pod kątem jego potencjału w zakresie pozyskiwania danych dotyczących wysokości DTM, okaże się, że oferuje on zdecydowanie największe możliwości. Nauka podstawowym wejściem do komputera mogą być współrzędne E,N,H terenu, oferuje łatwą implementację dowolnego wzorca próbkowania opartego na tych współrzędnych, nauka znak pomiarowy może być prowadzony do wcześniej ustalonej pozycji, Tak więc systematyczne próbkowanie oparte na siatce i próbkowanie progresywne może być łatwo wdrożone i istnieje również prosta implementacja mierzonego konturu.[36]

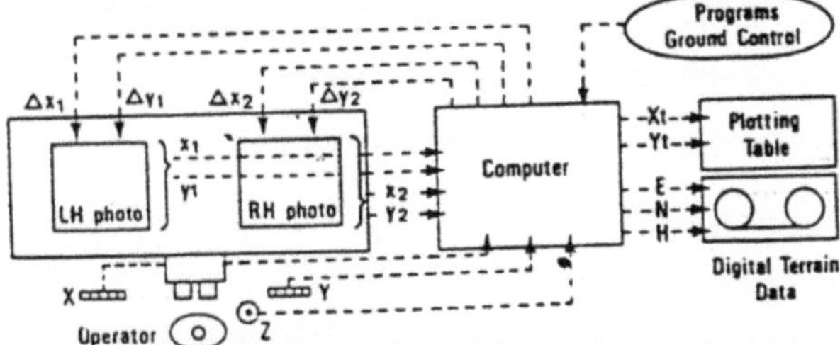

Rys. 11 Ploter analityczny z podstawowymi współrzędnymi obiektu.

1.4.3.4. 4. 1.4.3.4. Ploter analityczny wyposażony w układy korelacji

W tym instrumencie automatyzacja została rozwinięta do tego stopnia, że człowiek może być prawie całkowicie zastąpiony [8] jest on zoptymalizowany do automatycznego zbierania danych o wysokości wymaganej do tworzenia DEM, a nie do bezpośredniego wytwarzania ortofotografów [39].
Z obliczeniowego punktu widzenia stosuje się podejście, w którym obiekt koordynuje pierwotne rozwiązanie. Tak więc wejściowe są współrzędne modelu x,y,z lub terenu E,N,H, natomiast wyjściowe są współrzędne obrazu (x1,y1,x2,y2) każdego zdjęcia [36],[104].
Istnieją dwa rodzaje
1- Te wykorzystujące techniki korelacji obszaru
2- Te opierają się na korelacji długich linii epipolarnych

1.4.3.4. 4.1. 1.4.3.4.1. Techniki korelacji obszaru

Instrument GPM-2 działa w oparciu o systematyczną korelację patch- by-patch stereomodelu. Wyjście z pojedynczego stereomodelu za pomocą GPM-2 jest ortofotografem i gęstym zestawem wartości wysokościowych obejmujących stereomodel. [104] Instrument ten jest idealny do generowania gęstego DTM na dużej powierzchni terenu [36] Niestety, koszt jest niezwykle wysoki.

Niedawno wprowadzono tańsze jednostki korelatorowe, dla których dane wejściowe pozyskiwane są za pomocą małych aparatów kompaktowych wyposażonych w matryce CCD, które przekształcają obraz fotograficzny na wartości cyfrowe [36] Te aparaty CCD mogą być dodane do istniejącego plotera analitycznego, takiego jak kern DSR i zeiss oberkochen planicomp[100],[36],[104] aby zrealizować koncepcję pionowego śluzy liniowego (VLL), w której w przestrzeni modelu zdefiniowano szereg małych okien o różnych wartościach Z wzdłuż pionowego śluzy liniowego przez punkt znajdujący się w określonym położeniu planimetrycznym .Następnie definiuje się odpowiednie punkty obrazowe narożników każdego z małych okien zarówno dla zdjęć, jak i cyfrowych wartości gęstości obrazu (poziomów szarości) uzyskiwanych za pomocą kamer CCD . Następnie dopasowuje się je dla każdego okna modelu za pomocą metod obliczeniowych i najlepszego oszacowania wartości wysokości terenu dla określonego położenia punktu [100],[36],[104] Następnie ploter analityczny DSR jest prowadzony pod kontrolą komputera do następnego punktu na uprzednio zdefiniowanej siatce wymaganej dla DTM, przy czym każda wysokość punktu jest wyznaczana automatycznie za pomocą korelatora. Alternatywnie, komputer sterujący DSR może wyprowadzić urządzenie do serii punktów usytuowanych we wcześniej zdefiniowanych odstępach czasu o długim specyficznym profilu i jego przekrojach poprzecznych w obrębie stereomodelu, przy czym wysokość ponownie mierzona jest automatycznie przy użyciu korelatora.

1.4.3.4.4. 2. które opierają się na korelacji długiej linii epipolarnej

W technice tej podstawową ideą jest najpierw ustalenie pozycji i kierunków odpowiednich zestawów linii epipolarnych na każdym mierzonym zdjęciu stereopary. Przy użyciu dedykowanego komputera sterującego komputera analitycznego. Następnie skanowanie gęstości obrazu odbywa się wzdłuż każdej pary odpowiednich linii epipolarnych za pomocą np. liniowej matrycy CCD lub kamery areal array zamontowanej pod każdym zdjęciem. Korelacja jest wtedy uproszczona, ponieważ wyszukiwanie i dopasowywanie wartości gęstości punktów wspólnych musi być przeprowadzane jedynie wzdłuż określonych linii, a nie nad obszarami, jak w technice korelacji powierzchniowej. [36],[104]

1.4.3.4. 5.1.4.3.4. Zalety ploterów analitycznych

Mogą one obsługiwać każdy rodzaj fotografii, w tym zdjęcia pionowe, pochylone, nisko ukośne, zbieżne, wysoko ukośne, panoramiczne i naziemne. Mogą być również używane z różnymi rodzajami zdjęć satelitarnych. Ponadto mogą one obsługiwać fotografie z dowolnego aparatu o różnych ogniskowych, a w rzeczywistości mogą jednocześnie wykorzystywać dwa zdjęcia o różnych ogniskowych, tworząc model.[90]

1.4.3.4.6.Wady plotera analitycznego

1- Brak nałożonej grafiki stereo, która utrudnia aktualizację danych.
2-Manualna konfiguracja każdego modelu stereomodelu.
3- Prawdopodobnie więcej wymagań szkoleniowych niż w przypadku systemów softcopy.
4-stopniowa kalibracja i ogólne wymagania do pracy w stonowanych warunkach oświetleniowych i przy twardym podłożu.
5-Niezdolność do korzystania z pozyskanych cyfrowo obrazów [21]

1.4.3.4. 7.1.4.3.4. Analityczna triangulacja powietrzna

Celem triangulacji powietrznej w procesie produkcji fotogrametrycznej jest ustalenie precyzyjnych i dokładnych relacji pomiędzy poszczególnymi układami współrzędnych kliszy fotograficznej a określonym układem odniesienia i projekcji.[13] Dla potrzeb precyzyjnej orientacji obrazu w przestrzeni i zgodnie z normami geodezyjnymi konieczne jest mierzenie współrzędnych punktów kontroli naziemnej GCP's
W ploterach analitycznych można stosować film, ale zazwyczaj dla ułatwienia interpretacji stosuje się diapozytywy. Z oryginalnej folii negatywowej drukowany jest zestaw nadruków kontaktowych i filmowych materiałów diapozytywowych. Pozytywy te są umieszczane na stereoploterze w celu pomiaru punktowego.

1.4.3.4.7.1. 1.4.3.4.7.1. Faza planowania kontroli

W tej fazie układany jest wydruk kontaktowy, a wszystkie wymagane punkty opaski, przepustki i punkty kontrolne są wizualnie rozmieszczone, oznaczone odpowiednimi symbolami i ponumerowane. Po wykonaniu tej czynności w druku kontaktowym, punkty te są przenoszone na folię diapozytywową.

1.4.3.4. 7. 2.1.2. Proces holowania

Diapozytywy filmowe są umieszczane w instrumencie Pugging do oglądania stereoskopowego. Po wyrównaniu diapozytywu, urządzenie Pugging dokładnie wierci znak pug w każdym z diapozytywów w żądanym miejscu, co jest wykonywane dla wszystkich punktów przejścia i wiązania w bloku fotografii.

1.4.3.4.7. 3.1.4.3.4.7. Pomiar

Diapozytywy filmowe są umieszczane na etapach filmowych analitycznego stereoplotera. Następnie rozpoczyna się wewnętrzny proces orientacji, który polega na odczytywaniu śladów fiducjalnych na każdej klatce filmu w trybie monoskopowym. Po dokonaniu pomiaru oprogramowanie wewnątrz plotera wykonuje wewnętrzną orientację. Która koreluje precyzyjny układ współrzędnych kliszy zdefiniowany przez znaczniki fiducjalne z precyzyjnym układem pomiarowym plotera analitycznego zdefiniowanym przez etapy i enkodery pomiarowe w urządzeniu ploterowym.
Po zakończeniu operacji operator może wykonać pomiary dla punktów krawężnikowych, przepustowych i kontrolnych. Wyjściem tego procesu pomiarowego są wartości x,y folii dla każdego wymaganego punktu, które zostaną wykorzystane jako dane wejściowe do w pełni analitycznej triangulacji powietrznej[13].

1.4.3.4. 8. 1.4.3.4. Orientacja plotera analitycznego (w szczegółach)

1.4.3.4. 8. 1.4.3.4.1. Wewnętrzna orientacja

1-przygotowanie diapozytywów
2-kompensacja diapozytywów
3-centrowanie diapozytywów
4 ustawienie odpowiedniej odległości głównej
Poszczególne diapozytywy stereopairu są umieszczane na lewych i prawych nośnikach płytek i utrzymywane na miejscu przez szklane pokrywy. Wyśrodkowanie diapozytywów odbywa się poprzez pomiar współrzędnych x i y płytki (w oparciu o enkodery) fiducjałów każdego zdjęcia. Ta faza pracy jest wspomagana przez uruchamiane komputerowo serwomotory, które automatycznie kierują znak pomiarowy w pobliże miejsca, w którym znajduje się zdjęcie.
fiducjałów.
Można zmierzyć tylko dwa fiducjały, ale zaleca się więcej, a jeśli są one dostępne, należy zmierzyć do ośmiu, aby zwiększyć redundancję. Indywidualne dwuwymiarowe transformacje współrzędnych są następnie obliczane dla zdjęć z lewej i prawej strony. W ten sposób ustala się zależność między współrzędnymi płytki xy i skalibrowanymi współrzędnymi fiducjalnymi x,y, a jednocześnie kompensuje się skurcz lub poszerzenie filmu.

1.4.3.4.8. 2.1.4.3.4.8. Orientacja względna

Operator mierzy współrzędne lewego i prawego zdjęcia w co najmniej sześciu punktach przejścia, aby zapewnić obserwacje dla najmniej kwadratowych rozwiązań orientacji względnej. W obszarach zdjęć, które zawierają elementy dyskretne, takie jak pokrywy włazów i boczne skrzyżowania chodników, operator ustawia indywidualne lewe i prawe znaczniki indeksu na zdjęciach elementu na każdym zdjęciu, aby zmierzyć ich współrzędne. W obszarach otwartych, takich jak pola pokryte trawą, operator dostosowuje pływający znak podczas oglądania w trybie stereo, aż do momentu, gdy wydaje się on spoczywać dokładnie na ziemi. Po zaobserwowaniu surowych współrzędnych płytki dla wszystkich punktów przejścia, są one przekształcane na skalibrowany system fiducjalny, a następnie stosowane są korekty zniekształcenia obiektywu i załamania atmosferycznego, co skutkuje przedefiniowaniem współrzędnych. Następnie obliczana jest liczbowa orientacja względna, w wyniku czego powstają wartości zewnętrznych parametrów orientacji (ω,ф,κ,xl,yl,zl) dla obu zdjęć . Obliczenia wykonywane są przy użyciu najmniejszych kwadratów w więcej niż pięciu punktach zaangażowanych w rozwiązanie. Ponownie zostaną wyświetlone resztki, a operator ma możliwość odrzucenia pewnych punktów, dodania innych lub zaakceptowania rozwiązania . Po zaakceptowaniu orientacji względnej, parametry orientacji są przechowywane w komputerze. W tym momencie działanie plotera analitycznego zmienia się z dwuwymiarowego na trójwymiarowy .Sterowniki operatora x,y i z zapewniają wprowadzenie współrzędnych modelu do komputera sterownika, który przenosi współrzędne w odpowiednie miejsca obrazu.

1.4.3.4. 8. 3.1.4.3.4. Bezwzględna orientacja

Bezwzględna orientacja jest zwykle osiągana poprzez trójwymiarową, zgodną transformację współrzędnych. Podczas oglądania w trybie stereo operator umieszcza pływający znak na obrazach punktów kontrolnych podłoża, które pojawiają się w modelu, i zapisuje współrzędne xyz dla każdego z nich.
Następnie komputer uzyskuje dostęp do wcześniej utworzonego pliku danych, który zawiera współrzędne gruntu dla punktów kontrolnych, umożliwiając w ten sposób obliczenie trójwymiarowej transformacji współrzędnych konforemnych. dla orientacji bezwzględnej wymagane są minimum dwa poziome i trzy dobrze rozmieszczone pionowe punkty kontrolne. zaleca się więcej niż minimum, aby można było wykonać rozwiązanie najmniej kwadratowe .Ponownie wyświetlane są resztki, a operator ma możliwość odrzucenia lub ponownego pomiaru poszczególnych punktów. po zaakceptowaniu rozwiązania, parametry transformacji są przechowywane, analityczny stereoploter jest w pełni zorientowany i jest gotowy do użycia jako narzędzie do trójwymiarowego mapowania.[90]po tym niezależnym dostosowaniu modelu.

1.4.3.4.9. 1.4.3.4.9. Czynniki oceny jakości DEM pochodzących z fotogrametrii analitycznej

1- Zdolność obserwacyjna operatora, oparta na doświadczeniu (w tym degradacja spowodowana zmęczeniem)
2- Dopasowanie modeli do różnych obserwatorów
3- Wiedza, że operator może zidentyfikować niewiarygodne obszary spowodowane przez
słaba stereowizja
b-points falling on features other than the required surface such as tree canopy[70]

	Kosmiczny ploter obrazu	Ploter analityczny z podstawową współrzędną obrazu	Ploter analityczny z podstawową współrzędną obiektu
Dane wejściowe	Współrzędne X,y zdjęcia	Współrzędne X,y zdjęcia	X,Y,Z lub E,N,H
model	Nie zorientowany model stereomodel Paralaksa Y wyeliminowana ręcznie w każdym punkcie przed pomiarem	stereomodelka o stałej orientacji wolny od paralaksy	model stereomodel zorientowany wolny od paralaksy
elewacja	Wysokość może być wykonywana ręcznie na zasadzie punkt-punkt	Wysokość może być wykonywana ręcznie na zasadzie punkt-punkt	Wysokość może być mierzona ręcznie lub automatycznie za pomocą korelatora
• DTM z wysokości punktowej Schemat pobierania próbek • DTM z linii konturu	Losowe pobieranie próbek	Losowe pobieranie próbek i pomiar konturów	Systematyczne, progresywne, losowe pobieranie próbek i pomiar konturów
Roztwór fotogrametryczny	Odwrócenie równania kolizyjności	Odwrócenie równania kolizyjności	równanie kolierowości

Tabela 3-1Porównanie analitycznego oprzyrządowania fotogrametrycznego wykorzystywanego do akwizycji DTM

1.4.3.4. 10.1.4.3.4. Czynniki, które mogą wpływać na jakość DTM z fotogrametrii analitycznej

1- Jakość obrazów
2- Jakość kontroli i triangulacji powietrznej
3-programowe algorytmy (metoda próbkowania)
4-Type powierzchni, jej nachylenie, zmienność i rodzaj pokrycia terenu
5- Efektywność i spójność działania operatora[46]

1.4.3.4.2. 1.4.3.4.2. Fotografowanie za pomocą cyfrowych stacji roboczych fotogrametrycznych

1.4.3.4.2.1 Techniki ręczne

(podobnie jak w przypadku techniki analitycznej). Punkty DTM są zbierane jako punkty losowe, a linie przerw i punktów wzniesienia są zbierane w całym modelu.

1.4.3.4.2.2 Technika półautomatyczna

Punkty DTM są zbierane w trybie siatki systematycznej, a dodatkowe linie podziału i punkty losowe są dodawane w całym modelu. [11]

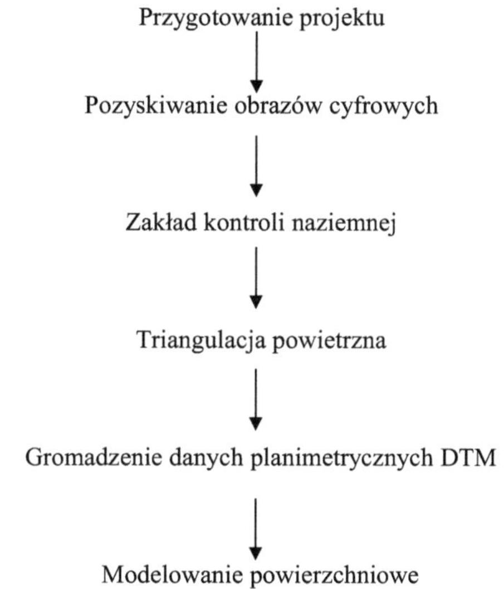

Rysunek 12 Kolekcja DTM z cyfrowymi stacjami roboczymi fotogrametrycznymi.

W technikach automatycznych punkty są zbierane za pomocą techniki autokorelacji do określonego obszaru zainteresowania modelu. Obszary zaciemnione są wyznaczane w celu wykluczenia obszarów zbierania DTM, gdzie autokorelacja nie działałaby, takich jak obszary leśne, budynki i obszary o minimalnym kontraście. W razie potrzeby w modelu można również dodać linie przerwania i punkty losowe [11].

1.4.3.4.2. 3. Automatyczne gromadzenie danych dotyczących wysokości za pomocą korelacji cyfrowej

Technologia cyfrowa ma obecnie wpływ na wszystkie operacje fotogrametryczne, a produkcja DEM może odbywać się w pełni automatycznie, co pozwala na znaczną oszczędność czasu i uzyskanie bardziej wiarygodnych wyników. Automatyczne generowanie DEM odbywa się w interaktywnym środowisku ze stacjami roboczymi softcopy.

Uzyskany w ten sposób DEM ze stereopairu jest w stanie wykorzystać do granic możliwości gęstość informacji zawartych w oryginalnych obrazach.
Nadal jednak wymaga ona pewnego dopracowania przy pomocy odpowiednich linii przerwania, aby uwzględnić nawet najbardziej szczegółowe elementy powierzchni terenu [1],[17].
Automatyczne zbieranie DEM'ów za pomocą korelacji obrazów cyfrowych zasadniczo sprowadza się do bezpośredniego porównywania plamek pikseli na obrazie koniugatowym lub pośredniego porównywania informacji pochodzących z obrazów cyfrowych [81].

1.4.3.4.2. 3. 1.1.Wymogi dotyczące automatycznego generowania DEM

1- Definiowanie modelu czujnika
2- Triangulacja powietrzna Softcopy i regulacja wiązki.
Geometria 3-pipolarna
4- Automatyczne generowanie DTM z automatycznym dopasowaniem obrazu.[43]

1.4.3.4.2. 3. 1.1. Definiowanie modelu czujnika

Model czujnika opisuje właściwości i charakterystyki związane z kamerą lub czujnikiem używanym do przechwytywania obrazu w czasie wykonywania zdjęć .
Wewnętrzna i zewnętrzna charakterystyka związana z geometrią czujnika.
Informacje o modelu czujnika wewnętrznego opisują wewnętrzną geometrię, taką jak ogniskowa, zniekształcenia obiektywu i współrzędne znaków odniesienia dla zdjęć lotniczych. Informacje o modelu czujnika zewnętrznego opisują dokładną pozycję i orientację każdego z obrazów, jaka istniała w czasie zbierania zdjęć [78].

1.4.3.4.2. 3. 1. 2. Triangulacja powietrzna Softcopy

jak wspomniano w poprzednim rozdziale

1.4.3.4.2. 3. 1. 3. 1.4.3.4.3. Geometria epipolarna

W przypadku zdjęć lotniczych kierunek epipolarny jest równoległy do podstawy modelu stereo (podstawa jest linią pomiędzy dwoma stacjami naświetlania kamery), a linie epipolarne są równoległe w przestrzeni obiektu (ziemi) . Jeśli zdjęcia lotnicze nie są doskonałymi zdjęciami pionowymi, linie epipolarne wyświetlane na zdjęciu nie będą równoległe.
Aby osiągnąć y- wolne od paralaksy oglądanie stereo na całym polu widzenia, konieczne jest ponowne próbkowanie obrazu do stanu epipolarnego.

1.4.3.4.2. 3. 1. 4. Dopasowanie obrazu

Obejmuje lokalizację podobnych, ale nie identycznych obszarów dwóch nakładających się na siebie cyfrowych obrazów tego samego punktu gruntu wykonanych z różnych lokalizacji (koniugatów). [59] Stosowane są korelatory porównujące szare poziomy pary stereo[17]antonów.
<u>Metody dopasowania</u>
Metody dopasowywania zależą od pogody. Pasujące do siebie jednostki to szare poziomy, cechy lub symboliczne opisy.

1- dopasowanie obszarowe
2 dopasowanie oparte na cechach
3 symboliczne dopasowanie [17] anton

1.4.3.4.2. 3. 1. 4. 1. dopasowanie powierzchniowe

Jest preferowaną metodą w fotogrametrii specjalnie dla projektów o małej skali.[89] Podmioty w dopasowaniu obszarowym mają poziomy szare. Istnieją dwa rodzaje dopasowania obszarowego, dopasowania obszarowego przy użyciu korelacji "Korelacja" i dopasowania obszarowego przy użyciu podejścia "najmniej kwadratowe dopasowanie LSM". Porównuje się rozkład poziomów szarości małych obszarów dwóch obrazów (małych podobrazów), nazywanych łatami obrazowymi [105],[16anton]. Szablon jest łatą obrazową, która zwykle pozostaje w stałej pozycji na jednym z obrazów. Okno wyszukiwania odnosi się do przestrzeni wyszukiwania, w której porównywane są łaty obrazkowe (czasami nazywane dopasowanymi oknami) z szablonem [17], a podobieństwo mierzone jest za pomocą technik korelacji lub przynajmniej kwadratów.

Lokalizacja szablonu

Środek szablonu może znajdować się w dowolnym miejscu w obszarze nakładania się obrazów. Dokładniej mówiąc, środek szablonu może być umieszczony tylko w obszarze, który jest o połowę mniejszy od rozmiaru szablonu niż obraz.
Pewne warunki mogą spowodować, że dopasowanie na podstawie obszaru nie powiedzie się, na przykład umieszczenie szablonu na obszarach, które są zatkane na drugim obrazie, wybranie obszaru o niskim stosunku sygnału do szumu (SNR) lub powtarzającego się wzoru, wybranie obszaru z liniami przerywanymi itp.

1.4.3.4.2. 3. 1. 4. 1. 1. korelacja

Chodzi o to, aby zmierzyć podobieństwo szablonu do okna dopasowania poprzez obliczenie współczynnika korelacji. Współczynnik korelacji krzyżowej jest określany dla każdej pozycji r,s okna dopasowania w oknie wyszukiwania .następnym problemem jest określenie pozycji u,v, która daje maksymalny współczynnik korelacji .[17]

1.4.3.4.2. 3. 1. 4. 1. 2.najmniej pasujące kwadraty (LSM)

Chodzi o to, aby zminimalizować różnice w poziomie szarości pomiędzy szablonem a oknem dopasowania, przy czym pozycja i kształt okna dopasowania są parametrami, które należy określić w procesie dopasowania. Oznacza to, że pozycja i kształt okna dopasowującego są zmieniane aż do momentu, gdy różnice poziomu szarości pomiędzy zdeformowanym oknem a (stałym) szablonem osiągną minimum. O ile od razu rozumiemy pomysł przesuwania okna dopasowywania do momentu znalezienia pozycji koniugatu, o tyle aspekt deformacji może być mniej oczywisty na pierwszy rzut oka [17 anton].
Metody o najmniejszych kwadratach mają najlepszą dokładność, ale wymagają wstępnych przybliżeń z dokładnością do kilku pikseli. Wymagają one również płaskiego terenu dla uzyskania optymalnej wydajności.

1.4.3.4.2. 3. 1. 4. 2. Dopasowanie oparte na cechach (FBM)

Podmioty w dopasowaniu opartym na cechach są pochodnymi właściwości (cech) od oryginalnego obrazu poziomów szarości. Właściwości te obejmują punkty cech, krawędzie i styki. Krawędzie są zdecydowanie najczęściej używanymi cechami.
Krawędzie odpowiadają różnicom w jasności obrazów. Różnice te mogą być nagłe ("ostre" krawędzie) lub mogą występować na większym obszarze ("gładkie" krawędzie). W idealnym przypadku operator krawędzi powinien być w stanie wykryć ostre i gładkie krawędzie. Ponadto, krawędzie zwykle występują we wszystkich kierunkach, które wymagają niezależnego operatora.
Podobieństwo, na przykład, kształtu, znaku i wytrzymałości krawędzi mierzy się funkcją kosztu [108],[17].
Technika ta ma tendencję do bycia lepszym w projekcie na dużą skalę [21].
Dopasowanie oparte na funkcjach jest bardziej solidne w odniesieniu do przybliżenia i cech terenu. Jest również szybsze i zdolne do wysokiej redundancji danych [17 friedrick achermann].

1.4.3.4.2. 3. 1. 4. 3. Dopasowanie symboliczne

Metoda ta porównuje symboliczne opisy obrazów i mierzy podobieństwo za pomocą funkcji kosztowej.
Symboliczne opisy mogą odnosić się do szarych poziomów lub cech pochodnych. Mogą być zaimplementowane jako wykresy, drzewa, siatki semantyczne, by wspomnieć tylko o kilku możliwościach. W przeciwieństwie do innych metod, dopasowanie symboliczne nie jest ściśle oparte na właściwościach geometrycznego podobieństwa. Zamiast używać kształtu lub położenia jako kryterium podobieństwa, porównuje on właściwości topologiczne [108],[17 anton].
Programy DTM mogą mieć opcje z dwoma lub więcej zaimplementowanymi metodami dopasowania. Program MATCH -T, na przykład, nadal działa zasadniczo z dopasowaniem cech, ale ma opcję najmniejszego dopasowania kwadratowego. Opcja ta może być użyta w przypadku, gdy dokładność poszczególnych punktów jest niezbędna. 29]Inny przykład ERDAS Imagine Ortho MAX - cyfrowy system fotogrametryczny wykorzystuje algorytm oparty na korelacji powierzchni. [68]

Tabela 2 Zależności między metodami dopasowania, miarami podobieństwa i jednostkami dopasowującymi

Metoda dopasowania	Miara podobieństwa	Odpowiednie podmioty
Strefa:	Korelacja, LSM	Poziomy szarości
Funkcja - oparta na	Funkcja kosztowa	Punkty zainteresowania, krawędzie
Symboliczny(racjonalny)	Funkcja kosztowa	Opis względny

1.4.3.4.2. 3. 2. zalety automatycznego gromadzenia danych za pomocą korelacji cyfrowej

1- zdolność do generowania bardzo gęstej gamy punktów wzniesienia w krótkich okresach czasu w trybie bezobsługowym .
2- ogólnie dobre ujęcie całej powierzchni sceny naziemnej.
3- wysoka jakość wyników przy dużej dokładności

1.4.3.4.2. 3. 3. 1.4.3.4.3. Problemy z dopasowaniem obrazu

1- Wybierz pasującą jednostkę (punkt lub element na jednym obrazie)
2- Znajdź jego koniugatową (odpowiadającą) całość na drugim obrazie. Na przykład, techniki obszarowe mają trudności w obszarach o niskiej, powtarzającej się teksturze, takich jak cechy stworzone przez człowieka lub obszary nagłej zmiany wysokości, podczas gdy techniki oparte na cechach cierpią w obszarach monotonnych o niewielu cechach.
Kiedy program napotyka takie obszary, zwykle znajduje nieprawidłowe dopasowanie punktów koniugatu, co skutkuje błędnymi wartościami wysokości [68].
3- Przechwytywanie lokalizacji 3D dopasowanej jednostki w przestrzeni obiektu.
4- Ocenić jakość meczu. [17]

1.4.3.4.2. 3. 4. 1.4.3.4.3. Czynniki wpływające na jakość automatycznie generowanego DEM

1-rozdzielczość skanowania
2- Parametry kontrolne dopasowania obrazu
3- Jakość obrazu
Odstępy punktowe 4-DEM
Charakterystyka 5-Terrainu [69]

1.4.3.4.3. 1.4.3.4.3. HYBRYDOWE PODEJŚCIA DO ZBIERANIA

Korelacja cyfrowa jest często używana do szybkiego tworzenia powierzchni na dużych powierzchniach, pozostawiając ostateczną edycję stacji roboczej softcopy. W przypadku mniejszych skal mapowych podejście to może być bardzo efektywne. Przy dużych skalach mapowych podejście to staje się mało efektywne, ponieważ kosztowna edycja danych korelacji cyfrowej może przekroczyć czas potrzebny do wykonania kompilacji softkopii od początku [21].

1.4.4. 1.4.4. Techniki teledetekcji (LIDAR (Light Detection And Ranging))

Przejście od systemów pasywnych takich jak fotografia lotnicza do systemów aktywnych takich jak (RADAR, SAR, LIDAR) daje możliwość dokładnego i systematycznego zbierania danych na dużych obszarach.[80]
Nowoczesne systemy LIDAR, patrz rys. 12,13, zawierają szybko pulsujący skaner laserowy wraz z powietrznym kinamatycznym odbiornikiem globalnego pozycjonowania (DGPS) do lokalizowania pozycji x,y,z oraz inercyjny system nawigacji (IMU) do rejestrowania parametrów orientacji (pochylenia, końcówki i wałki) skanera.

System staje się kompletny z ultra dokładnymi zegarami (do pomiaru czasu powrotu) i nowoczesnymi przenośnymi szybkimi komputerami do przechowywania danych GPS, IMU i skanera laserowego na twardych dyskach [9],[110],[115],[82],[80].
LIDAR, który jest powszechnie nazywany technologią laserowego mapowania terenu w powietrzu (ALTM) [115] jest opłacalny przy tworzeniu cyfrowych modeli terenu o wysokiej rozdzielczości DTM.
LIDAR jest nauką o wykorzystywaniu lasera do pomiaru odległości do określonych punktów[21].
LIDAR może pracować w trybie profilowania lub skanowania z wykorzystaniem impulsów światła do oświetlania terenu [9].
System LIDAR emituje impulsy laserowe, które kierują się w kierunku ziemi, odbijając je od roślinności, budynku i powierzchni ziemi.
Detektor w detektorze LIDAR rejestruje czas potrzebny na przejście każdego impulsu laserowego z detektora do powierzchni odbijającej i z powrotem do detektora. Ponieważ prędkość światła jest stała, dzięki czemu możemy obliczyć odległość od czujnika do powierzchni odbijającej [9],[82],[61],[16].

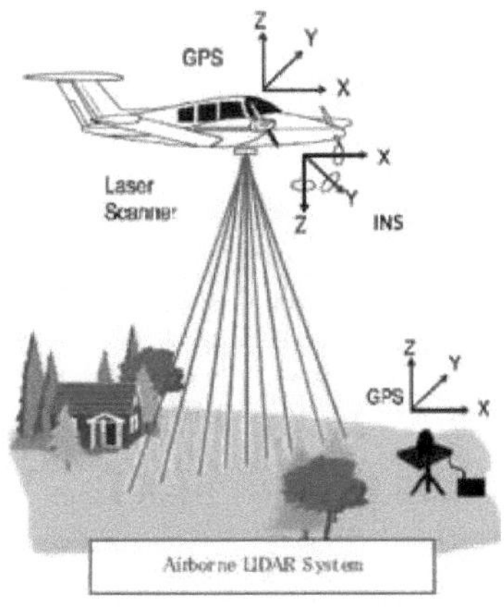

Rysunek 13 Powietrzny system LIDAR.

1.4.4.1.Elementy systemu

1.4.4.1.1. SKANER

Wysokowydajne skanery są w stanie emitować do 15 000 impulsów na sekundę przy dostępnym kącie skanowania do 1° do 75° za pomocą impulsów lasera z falą ciągłą, co pozwala na skanowanie gruntu, w pasie wokół śladu gruntu do wykonania [81],można zarejestrować wiele wartości powrotnych dla każdego impulsu do 5 wartości powrotnych na każdy.

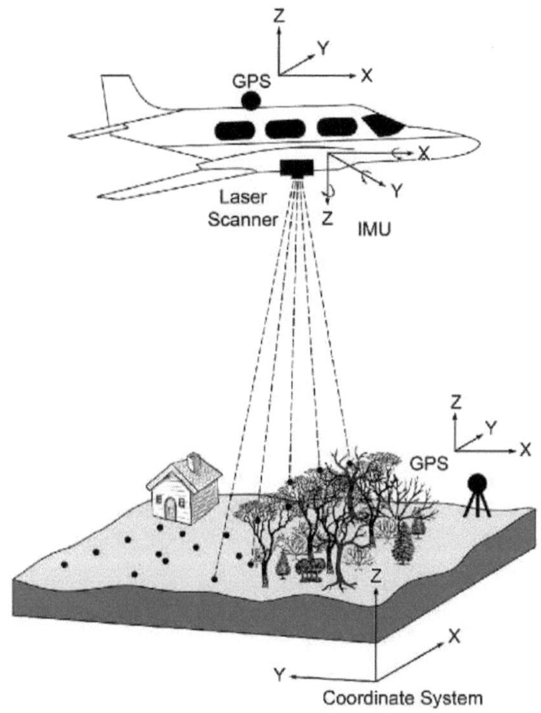

Rysunek 14 Skaner.

impuls [80], co daje różne odległości, na przykład na pierwszym odbieranym echu (do pomiaru obiektu nad ziemią, jak linie elektryczne), lub przeciwnie, na ostatnim (do pomiaru gruntu pod roślinnością) [81] Inny przykład, jeśli część belki uderzy w krawędź dachu domu, a reszta belki uderzy w ziemię, wtedy jednostka z wielokrotnym powrotem s będzie rejestrować odbicie krawędzi dachu i odbicie od ziemi, a następnie dostarczając dwie różne elewacje od pojedynczego impulsu. Elewacja obliczona dla dachu nazywana jest "pierwszym powrotem", a elewacja obliczona dla gruntu "ostatnim powrotem".

Jeśli impuls laserowy uderzyłby w drzewo, pierwszy powrót zapewniłby wzniesienie gałęzi pośrednich, a ostatni, miejmy nadzieję, zapewniłby wzniesienie korony drzewa, drugi lub trzeci powrót mógłby zapewnić wzniesienie ziemi pod drzewem.

Użytkownik powinien być ostrożny w określaniu pogody, ponieważ dane LIDARu pierwszego zwrotu są odpowiednie do pomiaru pierwszej powierzchni odbijającej światło (wierzchołki drzew i dachy), podczas gdy dane lidaru ostatniego zwrotu są odpowiednie do pomiaru gołego terenu ziemi, po zakończeniu przetwarzania końcowego Jednakże w rzeczywistości, ostatnie zwroty są najczęściej spotykane[21].

Zwroty intensywności

Cechą intensywności oferowaną w niektórych systemach lidaru jest metoda zapisu ilości energii odbitej od obiektu.
W ten sposób obiekty o wysokim współczynniku odbicia, takie jak metalowy dach, będą wykazywały większy zwrot niż obiekty takie jak nowo wybrukowana smołowa droga [21].

1.4.4.1.2.GPS I IMU ORAZ ZEGAR CZASOWY

Precyzyjne pozycjonowanie kinematyczne za pomocą różnicowych parametrów GPS i orientacji za pomocą IMU skanera ma kluczowe znaczenie dla wydajności systemu LIDAR. GPS podaje współrzędne x,y,z źródła lasera (skanera) i IMU, który podaje rejestrowane kąty położenia (przechylenie, pochylenie i odchylenie lub omega, phi i kappa) statku powietrznego [90].(Kierunek impulsu). Dzięki dokładnemu pomiarowi danych dotyczących odległości i czasu oznaczonego przez zegar można obliczyć pozycję "punktu powrotu" [80].
Tak jak w przypadku każdej aktywności GPS, system LIDAR wymaga inicjalizacji za pomocą badanego punktu, naziemnej lokalizacji bazy GPS [82] ta blokada inicjalizacji musi pozostać na miejscu przez cały czas trwania misji lotu [80] stosuje się korektę różnicowego przetwarzania końcowego [82].
Punkty uzyskuje się w WGS 84, ponieważ są one odniesione do GPS. Do przekształcenia punktów skanowania laserowego w WGS 84 w lokalny układ współrzędnych potrzebne są punkty wspólne dla obu systemów. Do przekształcenia z wysokości elipsoidalnej na wysokość ortometryczną potrzebne są falowania geoidy.[60]
Prawie każdy system klapowy jest obsługiwany za pomocą jakiegoś urządzenia śledzącego, takiego jak kamera wideo lub ramka, która jest oznaczana czasem przez GPS , obraz pozwala tłumaczowi na sprawdzenie i zweryfikowanie przetworzonych danych .

1.4.4.1.3 KOMPUTER I OPROGRAMOWANIE

Komputer przechowuje dane GPS, IMU i skanera laserowego, które są następnie przetwarzane bocznie przez zaawansowane oprogramowanie do dokładnej komunikacji wewnętrznej[80].
Obliczenia GPS, a następnie połączenie GPS z danymi inercyjnymi, jest operacją, która może być zautomatyzowana w dużym stopniu, a następnie konieczne jest przetwarzanie echosów. Oznacza to, że nie ma możliwości filtrowania echosów, a operacja ta nie jest obecnie w ogóle zautomatyzowana [81].

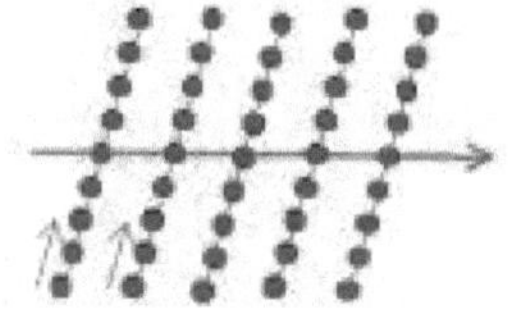

Rysunek 15 Schemat skanowania na ziemi.

1.4.4.2.LIDAR jest odpowiedni w niektórych przypadkach

1- badania pod roślinnością
2- liniowa strona DTM i bardzo szybkie zasilanie wąskich stref
3 pomiary wysokonapięciowych linii energetycznych
4- goła powierzchnia DTM
5- symulacja powodzi
6-telekomunikacja

1.4.4.3.3 Rozważania dotyczące planowania lotu

1- cel tych danych
2 - wymagana dokładność określeń bezwzględnych i względnych
3 odległości między punktami danych
4 - obszar projektu
5 - koszt badanego obszaru

Biorąc pod uwagę te czynniki, prędkość impulsu danego systemu laserowego będzie miała duży wpływ na prędkość i wysokość lotu samolotu, szerokość pokosu i liczbę wymaganych linii lotu.

Jeżeli projektowany obszar jest blokiem, operator musi zadecydować o optymalnej odległości między liniami przelotowymi .Okrążenie boczne pomiędzy sąsiednimi liniami zwykle gwarantuje pokrycie bez szczelin, chociaż rodzaj terenu i jego cechy mają również wpływ na projekt okrążenia bocznego.

Jeśli teren jest miastem o dużym zagęszczeniu wysokich budynków, lub lasem wysokich drzew, lub teren jest stromy i wytrzymały, linie lotu lidaru są zwykle lecące bliżej siebie (z większym pokryciem), tak że belka nie ominie (miejskiego kanionu) lub nie ma pokrycia na stromych wzgórzach.Jeśli projekt jest korytarzem, planowanie lotu będzie prawdopodobnie obejmować dwie równoległe linie, najlepiej biegnące w przeciwnych kierunkach, jeśli nie na każdym odcinku przynajmniej na reprezentatywnej części, dlatego też procedura ta jest wymogiem kontroli jakości w celu zapewnienia, że nie występują odchylenia w gromadzeniu danych. Dane z sąsiednich linii na pokrywających się obszarach powinny mieścić się w granicach tolerancji dla systemu i specyfikacji projektu . W większym bloku (więcej niż kilka linii) kilka krzyżujących się linii lotu doda pewną miarę pewności i walidacji systemu i danych.

Projekty o powierzchni mniejszej niż (5-6 km2 lub korytarze krótsze niż 16 km) są prawdopodobnie najlepiej wykonywane przy użyciu alternatywnych technik. [21]

Gęstość rozstawu słupków może być modyfikowana poprzez zmianę wysokości lotu lub kąta skanowania [80].

Maksymalna wysokość lotu w przypadku skanowania laserowego jest obecnie ograniczona do 1000m[60].
Na koniec, podczas planowania operator musi określić, gdzie powinny zostać utworzone naziemne stacje bazowe GPS, a także odpowiednie lokalizacje dla danych z kontroli jakości kontroli naziemnej. Naziemne stacje bazowe GPS do kontroli pozycjonowania samolotów LIDAR powinny znajdować się w odległości do 20 km od obszaru działania, aby ograniczyć błędy GPS do 5-7 cm[102].

1.4.4.4 Wstępne przetwarzanie danych

Dane pokrywy rzędowej muszą być przetworzone w celu wygenerowania DEM [16] przetwarzania podzielonego na przetwarzanie wstępne i wtórne.
Wstępne przetwarzanie danych LIDAR składa się z dwóch wysiłków
Po pierwsze, dane muszą być odfiltrowane z szumu, skorygowane różnicowo (jak przy każdym pomiarze GPS o wysokiej dokładności) i zmontowane do linii lotu przez (warstwa powrotna) [80] oprogramowanie oblicza współrzędne punktu lasera x,y,z dla każdego impulsu laserowego odbitego (powrotnego) z wykorzystaniem zapisanych pozycji GPS samolotu [80], parametrów orientacji (ruch inercyjny) oraz danych ze skanera laserowego, odchylenia kątowego skanera i czasu impulsu laserowego lotu lub zakresu pochylenia [61] Następnie wartości x,y,z przekształcone na układ lokalny [80].

1.4.4.5.Przetwarzanie danych po fakcie

Jest on podzielony na dwa etapy automatycznego i ręcznego przetwarzania końcowego.

1.4.4.5.1. ZAUTOMATYZOWANE PRZETWARZANIE KOŃCOWE

Post-processing danych laserowych obejmuje redukcję informacji o zasięgu do wysokości, usuwanie błędnych zwrotów oraz wypełnianie obszarów bez zwrotu [49].
W celu obliczenia wysokiej jakości DTM konieczne jest usunięcie całej roślinności (zadaszenia) przy jednoczesnym zachowaniu naturalnych zmian wysokości. 43],[44],[46] Istnieje wiele algorytmów postprocesorowych, wybór takiego algorytmu zależy od poziomu interakcji użytkownika, dokładności wyniku i szybkości obliczeń [44].

1.4.4.5. 2. 1.4.4.5. RĘCZNE PRZETWARZANIE DANYCH PO PRZETWORZENIU

Algorytmy automatycznego przetwarzania końcowego zazwyczaj usuwają około 90% punktów wysokości, które nie reprezentują gołego terenu. Pozostałe 10% może być bardzo pracochłonne do określenia. W rzeczywistości, aby oczyścić pozostałe 10% może pochłonąć 90% budżetu post processingowego. Tak więc, określenie, jak czysty musi być zbiór danych dotyczących gołej ziemi, może być głównym czynnikiem kosztotwórczym dla projektu lidaru, ponieważ samo pozyskanie danych lidaru stanowi zazwyczaj tylko około 40% całkowitego kosztu projektu lidaru. [21]
Obróbka końcowa obejmuje dopasowanie krawędzi, układanie płytek i kontrolę jakości za pomocą punktów kontrolnych kontroli podłoża.

1.4.4.5. 2. 1.Dopasowanie krawędzi

Dopasowanie krawędzi wzdłuż przylegających linii i usunięcie nadmiaru danych na krawędziach. Linie poprzeczne są importowane i ponownie sprawdzane pod kątem spójności i integralności z głównymi liniami kontrolnymi .Wszystkie miejsca, w których dane nie pasują do siebie, są badane pod kątem możliwych przyczyn .Jeśli nie ma sensownego wyjaśnienia, może zaistnieć potrzeba ponownego pobrania danych [21].

1.4.4.5. 2. 2.2.Kafelkowanie

Końcowym aspektem post-processingu jest przycięcie danych do płytek lub wielkości plików zgodnie z wymaganiami klienta [21].

1.4.4.6. Zalety

Łatwość pozyskiwania danych, wysoka rozdzielczość danych, masa punktów danych, efektywność kosztowa, skuteczność technologii LIDAR-u ponoszona z powietrza w porównaniu z konwencjonalnymi metodami naziemnymi, mała wysokość, wysoka prędkość skanowania laserowego do 81 km2 na dzień, oszczędność czasu dla liniowych pomiarów terenowych bez roślinności (pomiary miejskie) proces końcowy może być całkowicie zautomatyzowany, a dane dostarczane w jedną lub dwie godziny [81].
Pozwala na pionową dokładność 15cm, niezależność od słońca i cienia nie stanowi żadnego problemu można latać w dzień i w nocy, zwiększona zdolność do wyznaczania wysokości w trudnych miejscach.
Nowoczesna akwizycja danych LIDAR dostarcza informacji o powierzchni gruntu i cechach nad powierzchnią (roślinność, zadaszenie, budynek, dach).
Nie ma ograniczeń eksploatacyjnych takich jak chmura, ruch, użytkowanie, pora dnia [60],[16],[115],[82].

1.4.4.7. Wady

- Ilość danych wytwarzanych przez system. Reigony o powierzchni mniejszej niż 100 km2 mogą wytwarzać pozdrowienia powyżej 25 gigabajtów punktów danych, dlatego też redukcja danych jest bardzo ważna dla każdego algorytmu wykorzystywanego do przetwarzania danych [16].
- Wszystkie wahania dokładności pozycjonowania, w zależności od rodzaju terenu i roślinności [13] .
- Sprzęt używany w LIDARze jest wyrafinowany i drogi [81].
- Czasami trudno jest zadowolić się niską wysokością nad miastem.
- Również trudno jest wydobyć cechy [81]

1.4.4.8. 1.4.4.8. Dokładność LIDAR DTM

W otwartych obszarach zestaw dobrze rozmieszczonych punktów kontrolnych można mierzyć za pomocą GPS wysokość tych punktów kontrolnych GPS można porównać do wysokości DTM dla tych samych pozycji jest znacznie trudniejsze do oceny dokładności LIDAR w obszarach mocno zalesionych z ciężką roślinnością.

1.4.4.9. 1.4.4.9. Czynniki wpływające na dokładność DTM z LIDAR-u

1-Zdjęcia geoidy w Egipcie są obecnie znane ze średnim błędem kwadratowym, który jest gorszy od dokładności pomiarów skanera laserowego.
2- Inicjalizacja w locie używana do rozwiązywania niejednoznaczności fazowych GPS jest możliwa, obecnie z ±10cm dla szybko poruszających się obiektów, takich jak lecące tam samoloty - na przedzie ślad początków polarnych układów współrzędnych ma znaczącą dokładność ±10-20 cm [frisch15][60].
3- Również dokładność IMU będzie się częściowo różnić w zależności od wysokości lotu nad ziemią, podczas gdy dokładność kątów pomiarowych IMU nie zmienia się, im wyżej statek powietrzny znajduje się nad ziemią, tym większy jest poziomy okrąg błędu [21]orientacja INS ma błąd do 0,01 gon, co odpowiada dokładności punktu terenu ± 16 cm dla wysokości lotu 1000m [frisch15].
Dokładność 4-LIDAR jest nadal przedmiotem dyskusji, ponieważ istnieje wiele innych aspektów, które mają zastosowanie do wszystkich dokładności produktów końcowych.
Jednym z typowych aspektów jest rozmieszczenie punktów danych LIDAR.
Na przykład niektóre z nich są bezcelowe (chyba że istnieje jednorodne nachylenie), jeśli każdy punkt w zbiorze danych ma dokładność do pół cala. W tym przypadku pomiar LIDAR z punktem danych o podłożu co stopę do plus lub minus 6 cali będzie prawdopodobnie dokładniejszym odwzorowaniem podłoża niż ten pierwszy, chociaż dokładność każdego pojedynczego punktu nie jest tak dobra. W związku z tym dokładność konkretnego zbioru danych obejmuje więcej niż tylko dokładność pojedynczego punktu w jednym miejscu [21].
Oświadczenia o dokładności są ważne tylko wtedy, gdy system LIDAR jest prawidłowo skalibrowany i eksploatowany. Na poparcie tego "raport z pomiaru" zazwyczaj towarzyszy zbieraniu danych opisujących kalibrację systemu, dziennik GPS, wszelkie odniesienia do punktów pomiaru naziemnego, dokładność projektu, proces walidacji oraz statystyczne podsumowanie wyniku [21].
Podsumowując, dojrzałe obszary leśne są najbardziej obiecującym źródłem danych LIDAR, które są o wiele dokładniejsze niż DTM uzyskiwane fotogrametrycznie. Jednakże potrzeba więcej analiz, aby określić wydajność danych LIDAR na młodych, gęstych plantacjach [61].

1.5.Metody odwzorowania powierzchni terenu

Zmienność wysokości powierzchni na danym obszarze można modelować na wiele sposobów. Reprezentacje DEM są oparte albo na modelach matematycznych, albo na modelach obrazowych. [79]

1.5.1.Metody matematyczne

Matematyczne metody dopasowania powierzchniowego polegają na ciągłym trójwymiarowaniu funkcji, które są zdolne do reprezentowania złożonych form o bardzo wysokim stopniu gładkości [88].
Metody te można podzielić na globalne i lokalne techniki dopasowania [88].

1.5.1.1. 1.5.1.1. Techniki globalne

1.5.1.1. 1. WIELOMIANY WIELOMIANÓW WIELOKWADRATOWYCH

Najprostszym sposobem jest zastosowanie regresji wielomianowej. Ideą jest dopasowanie wielomianowej linii lub powierzchni, w zależności od pogody dane są w jednym lub dwóch wymiarach, o najmniej kwadratów przez punkty danych .
Zakłada się, że współrzędne przestrzenne x,y są niezależnymi zmiennymi, a z jest zmienną zależną ...[88]
Proces rozwiązania polega na wykorzystaniu znanych współrzędnych punktów leżących w obrębie każdej formy lądowej. Aby utworzyć układ równań, w którym nieznane współczynniki znajdują się metodą najmniejszych kwadratów po uzyskaniu wartości współczynnika wielomianu, są one wstawiane do wielomianu, a wysokość punktów można znaleźć na podstawie jego współrzędnych poziomych x,y.[113]

1.5.1.1. 2. SERIA FORURIER

Teren można opisać w postaci serii Foruriera, które opisują jedno- lub dwuwymiarowe warianty [88] poprzez modelowanie profili terenu w funkcji ich składowych sinusoidalnych i kosinusoidalnych.[91]

$Z(x) = aO + \Sigma af \times COS(2\pi \times x \times f) + \Sigma bf \times Sin(2\pi \times x \times f)$ Równanie 3-1

L L

$Z(x), 0 \leq x < L$

$_{af}$,bf są parametrami, a f jest częstotliwością względną związaną z długością L profilu.
Zależność pomiędzy $_{af}$,bf,f i L może być badana za pomocą widma mocy S .w celu skompensowania wpływu zmiennej długości L profilu, widmo może być zapisane jako funkcja częstotliwości bezwzględnej.
F=f/L

$S(F)=S(f/L)=L*(_{af2+bf2})$ lub jako funkcja długości fali $\lambda=L/f=1/F$ Równanie 3-2 [37]

Poniższy model może być stosowany dla dużej domeny F

$S(F)=E*F^{-\alpha}$ α,E to parametry charakterystyczne dla terenu.

1.5.1.2. 1.5.1.2. Techniki lokalne

Metoda lokalna dzieli całą powierzchnię na kwadratowe komórki lub nieregularnie ukształtowane łaty o mniej więcej równej powierzchni i powierzchnie te są dopasowane do obserwacji punktowych w obrębie łaty .[88]

1.5.2. 1.5.2. Techniki modelowania obrazowego

O ile modele matematyczne są dość przydatne, o tyle obecnie dostępne DEM-y są najczęściej modelami obrazowymi niektórych opisów, więc skupimy się na tych ostatnich [79]. Modele obrazowe występują w typach ogólnych, opartych na punktach i modelach obrazowych opartych na liniach [79].
Modele obrazowe oparte na liniach w wielu przypadkach powstają w wyniku skanowania lub digitalizacji istniejących linii konturowych lub innych izarytmów [79], niestety zdigitalizowane kontury nie nadają się szczególnie do obliczania zboczy lub do tworzenia cieniowanych reliefów[88], dlatego też są one zazwyczaj przekształcane w formę modelu punktowego, traktując każdy punkt łączący każdy odcinek linii jako przykładowe miejsce z indywidualną wartością wysokości [79], również TIN jest innym rodzajem modelu punktowego.
Siatka prostokątna i TIN to dwie podstawowe techniki stosowane do odwzorowania elewacji cyfrowej[73].
1- W regularnej siatce punkty danych (wysokości) zostały zebrane w formie regularnej siatki (np. prostokątnej lub kwadratowej).
Metoda ta jest najbardziej rozpowszechnioną formą DEM i nazywana jest również (macierzą wysokości) lub rastrem.
2- W TIN punkty danych zbierane są losowo w oparciu o sieć trójkątną o nieregularnej wielkości, kształcie i orientacji, metoda ta nazywana jest triangulacją sieci nieregularnych (TIN) [36],[104].
Również te dwa podejścia mogą być łączone w celu uzyskania podejścia złożonego lub hybrydowego [36],[104]
Każde z tych podejść ma swoje zalety i nadaje się do upadku, a ich zastosowanie zależy w dużej mierze od sposobu gromadzenia i przechowywania danych źródłowych [2].

1.5.2.1. 1.5.2.1. Modelowanie oparte na siatce

Możemy używać regularnej lub nieregularnej (siatka warstwowa)
Zwykła siatka jest najprostszą metodą. Rysunek 3-15 ilustruje zwykły wzór siatki. Wzniesienia są zebrane w postaci regularnej siatki w stałym odstępie czasu zwanym rozdzielczością. [55]. Modelowanie w oparciu o siatkę jest powszechnie stosowane w niwelacji siatki, na budowach oraz w pozyskiwaniu danych profilowych mierzonych fotogrametrycznie w aparatach stereoplotowych, w tym ostatnim przypadku szczególnie, gdy są one uzyskiwane automatycznie lub półautomatycznie podczas produkcji ortofotomap lub pod kontrolą komputera za pomocą plotera analitycznego.
Istnieje wiele form siatki regularnej, takich jak kwadratowa, prostokątna, sześciokątna i trójkątna [36],[104].

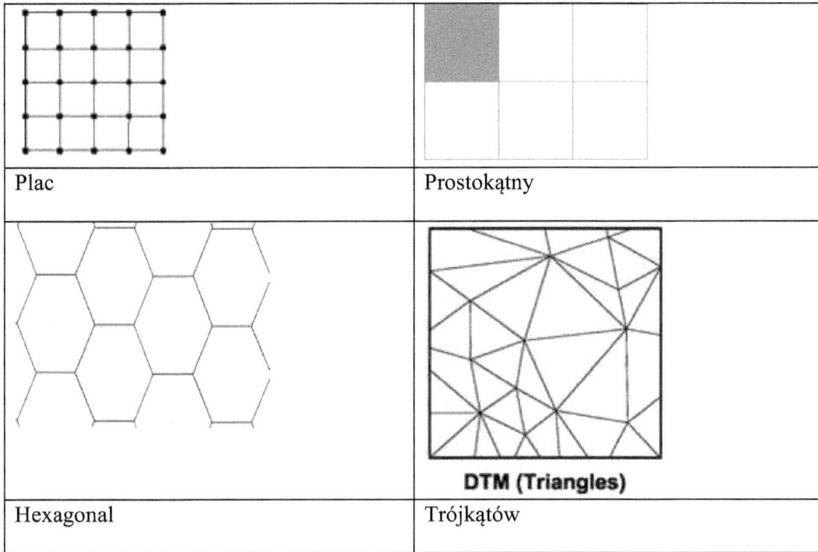

Rysunek 16 Regularny wzór siatki.

Zaletą regularnie dodawanego do siatki DEM jest łatwa integracja z bazami danych rastrowych i zdalnie wyczuwanymi danymi cyfrowymi, smuklejszy, bardziej naturalny wygląd map konturowych i pochodnych cech terenu oraz możliwość szybkiej zmiany skali komórek siatki [8]. Z drugiej strony regularny system gridowy nie jest pozbawiony wad, do wad tych należą

1- Rozmieszczenie punktów danych nie związane z charakterystyką samego terenu.

2- Duża nadmiarowość danych w obszarze jednorodnego terenu [88] i wynikająca z tego niezdolność do zmiany wielkości siatki w celu odzwierciedlenia obszarów o różnej złożoności rzeźby terenu. Zaproponowano jednak różne techniki kompresji danych w celu zmniejszenia dotkliwości tego problemu, w tym czworoboki, kody łańcuchów swobodnych człowieka, kody długości biegów, kody blokowe i zbiorczą strukturę danych. [8]

3 - Przesadny nacisk wzdłuż osi siatki dla niektórych rodzajów obliczeń, takich jak obliczanie linii wzroku [88].

4 Jeżeli odstęp między punktami próbkowania jest zbyt duży (niska rozdzielczość), to cechy terenu mogą nie być mierzone z drugiej strony, jeżeli odstęp jest zbyt mały (dokładniejsza rozdzielczość), to gęstość danych staje się bardzo duża [45].

Nieregularnie rozmieszczone próbki punktowe mogą być wykorzystywane na dwa sposoby do generowania DEM . Pierwszym z nich jest nałożenie regularnej siatki na punkty, a następnie użycie techniki interpolacji do wygenerowania pochodnej macierzy wysokości. Technika interpolacji może być również użyta do wygenerowania drobniejszej osnowy z grubszej . Druga metoda polega na wykorzystaniu danych o nieregularnie rozmieszczonych punktach jako podstawy systemu triangulacji, które są powszechnie interpolowane do regularnej teselacji [88].

W wyznaczonej odległości teselacja może być trójkątna lub prostokątna [8].

1.5.2.2. 1.5.2.2. Losowa interpolacja siatki

Dla niektórych celów, w których użyto schematu losowej wysokości punktu, wymagane jest umieszczenie danych do wzoru siatki ze względu na to, że niektóre programy mogą akceptować tylko dane siatki. Można to zrobić na trzy sposoby.
1- metody punktowe
Metody 2-Global
Metody trójpasmowe [45]

1.5.2.2. 1. METODY PUNKTOWE

Polegają one na interpolacji wartości wysokości terenu w każdym konkretnym węźle siatki z sąsiednich losowo rozmieszczonych punktów pomiaru wysokości.

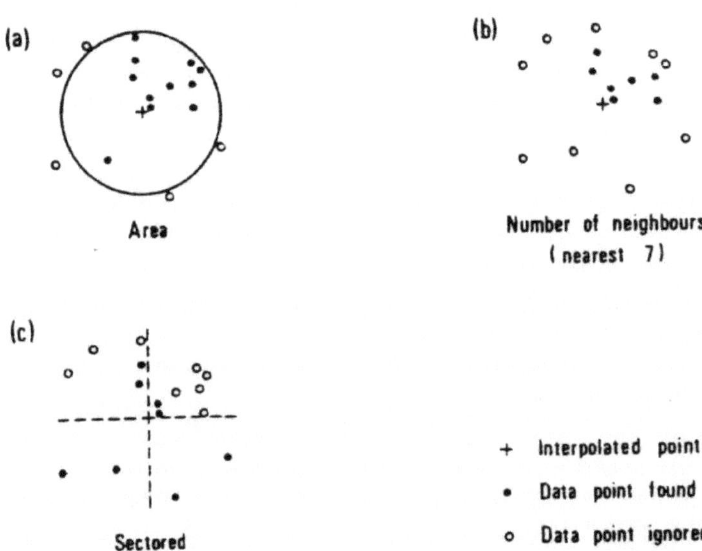

Rysunek 17 Techniki przeszukiwania obszaru interpolacji Pointwise.

Wyszukiwanie najbliższych sąsiadów może polegać na prostym wyszukiwaniu obszaru z okręgiem o zdefiniowanym promieniu lub polem o zdefiniowanej wielkości używanym do wybrania najbliższych punktów danych, od których określa się wartość punktu siatki.

N liczba najbliższych sąsiadów jest wyszukiwana według definicji użytkownika, ale zwykle w zakresie 6-10

Istnieje również sektorowa technika najbliższego sąsiedztwa, w której obszar wokół punktu siatki lub węzła jest podzielony na równe sektory - zazwyczaj cztery (kwadranty) lub osiem (oktanty).

Zaznacza najbliższą liczbę sąsiadów, którzy leżą w każdym kwadrancie wokół punktu siatki. Po znalezieniu punktów danych użyjemy średniej wartości do określenia wysokości punktu siatki, większość z tych średnich jest ważona na podstawie odległości od węzła siatki. Dzięki temu punkty położone bliżej węzła siatki mają większy wpływ na wysokość niż punkty położone daleko [45],[36],[104]. Czasami metoda ta nazywana jest średnią ważoną, w której wagi są funkcją odległości pomiędzy punktem obliczeniowym a sąsiednim punktem danych [5].

1.5.2.2. 2. 1.5.2.2. INTERPOLACJA GLOBALNA

Po zdefiniowaniu powierzchni globalnej i określeniu specyficznych wartości wielomianów, wartości wysokości dla każdego węzła siatki mogą być interpolowane. [45],[36],[104] w tej technice przyjmuje się, że współrzędne przestrzenne x,y są zmiennymi niezależnymi, a z jest zmienną zależną [88].

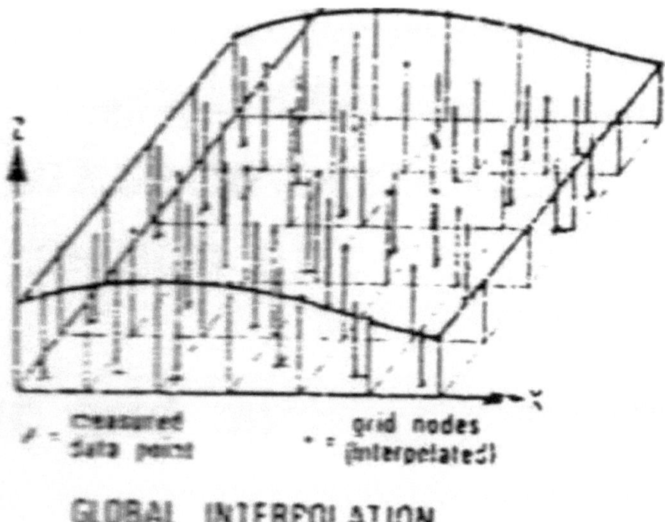

Rysunek 18 Globalna interpolacja.

1.5.2.2. 3. METODY "PATCHWORKINGU

Cały obszar przeznaczony do modelowania jest podzielony na szereg jednakowych rozmiarów łat o identycznym kształcie. Oznacza to serię trójwymiarowych

powierzchni lub łat. Kształty każdej łaty mają regularną formę, zazwyczaj kwadratową lub prostokątną. Dla każdej łaty oblicza się oddzielne zestawy parametrów dopasowania. Po zdefiniowaniu każdej z łat, za pomocą tych parametrów można interpolować wysokość wszystkich punktów siatki mieszczących się w poszczególnych łatach. Istnieją dwie metody interpolacji między łatami
1-Płatki dokładnie dopasowane
2 - układ nakładających się na siebie łatek.

1.5.2.2. 3. 1.dokładnie dopasowane łatki

Każda łatka jest dokładnie dopasowana do swoich sąsiadów. Trudność, jaka może wynikać z zastosowania takich łat, polega na tym, że mogą one powodować ostre nieciągłości wzdłuż ich skrzyżowań. Łaty są większe niż komórki określone przez węzły siatki, więc kilka węzłów siatki będzie mieściło się w jednej łacie.[45],[36],[104]

1.5.2.2. 3. 2.ułożenie nakładających się na siebie łat

W tym przypadku w obrębie zakładki będą znajdowały się punkty wspólne, które zostaną wykorzystane przy obliczaniu parametrów dla każdej z łat .
Metoda patchise jest lepsza niż metoda globalna, ponieważ do opisu każdego patcha można użyć terminów (parametrów) niskiego rzędu, więc tylko kilka niewiadomych musi być rozwiązanych za pomocą jednoczesnych równań przy użyciu metod najmniejszych kwadratów dla każdego patcha. Gdy współczynniki są już znane, możemy obliczyć węzły siatki poprzez wsteczne podstawianie w równaniach opisujących dany patch.

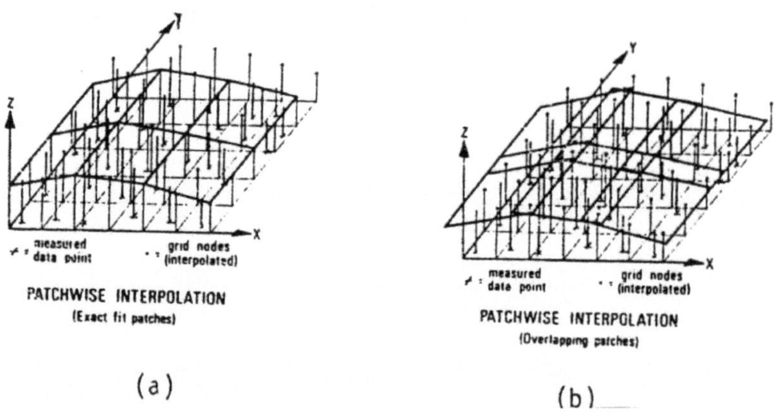

Rysunek 19 Interpolacja między partiami (a) dokładnie dopasowanych partii (b) nakładających się na siebie łat.

Wadą metody "patchise" jest przede wszystkim to, że wymaga ona znacznie większej organizacji swoich danych i ich przetwarzania niż metody punktowe czy globalne. Również podział powierzchni modelu na łatki musi być przeprowadzony ostrożnie.

Jeśli dane są słabo rozłożone w kierunku narożników łaty, wpływa to na parametry obliczeniowe i z kolei na dokładność wysokości wyznaczonych dla punktów węzłowych siatki. [45],[36],[104]

Do reprezentacji powierzchniowej używamy wielomianów zarówno dla globalnych, jak i fragmentarycznych metod interpolacji, a podstawowe ogólne równanie wielomianowe jest następujące

Z=ao+a1x+a2y+...

Gdzie Zi jest wartością wysokości pojedynczego punktu i

Xi,yi są prostokątnymi współrzędnymi punktu i

ao, a1,a2,... są współczynnikami lub parametrami wielomianu

Jedno takie równanie zostanie wygenerowane dla każdego pojedynczego punktu i .Rozwiązując zbiór równań jednocześnie dla zbioru punktów otrzymamy współczynnik a1,a2,a3,..... Po określeniu współczynników, następnie dla danego węzła siatki o znanych współrzędnych x,y, aby obliczyć wartość z [36],[104]

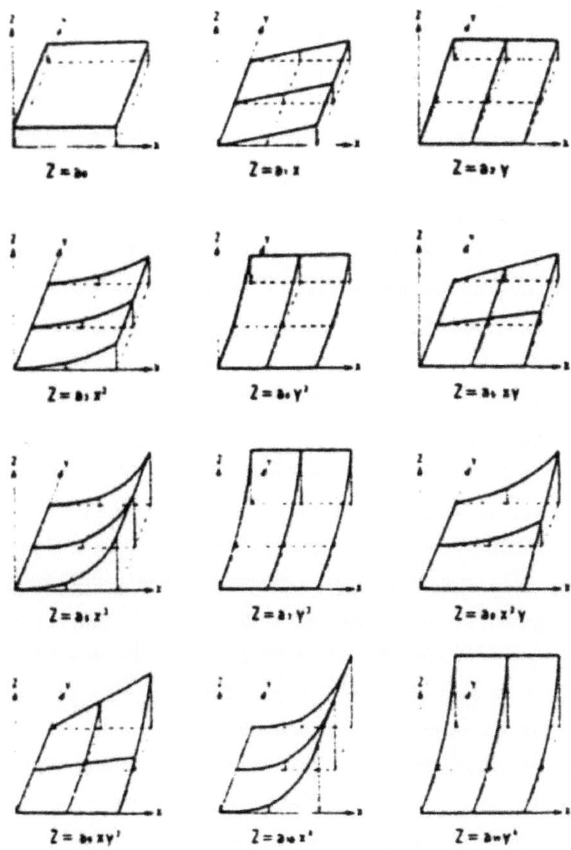

Rysunek 20 Kształty powierzchni tworzone przez poszczególne terminy w ogólnym równaniu wielomianowym.

Nieregularnie rozmieszczone punkty danych mogą być przekształcone w dane o regularnych odstępach w siatce za pomocą różnych algorytmów interpolacji, gdzie algorytmy krygujące zwykle dają najlepsze wyniki [97].

1.5.2.3. 1.5.2.3. Trójkątne modelowanie terenu

Sieć nieregularna triangulowana (TIN) jest modelem terenowym, który polega na połączeniu nieregularnie rozmieszczonych punktów próbnych [8] w celu utworzenia arkusza ciągłych, połączonych trójkątnych ścianek[88]. Jest ona coraz częściej stosowana w modelowaniu terenu. Pozwala ona na zbieranie dodatkowych informacji w obszarach o złożonej rzeźbie terenu bez konieczności zbierania ogromnych ilości zbędnych danych z obszarów o prostej rzeźbie terenu.[88] każdy zmierzony punkt danych jest bezpośrednio wykorzystywany i honorowany, ponieważ tworzą one wierzchołki trójkątów do modelowania terenu. jak również wykorzystanie trójkąta oferuje stosunkowo łatwy sposób włączenia linii przerwania, uskoku itp.
Trójkąt musi spełniać dwa wymagania
1- Trójkąt jest możliwie jak najbardziej równoboczny.
2- Minimalna długość boku
Dane DTM mogą być przechowywane na kilka sposobów. Generalnie mogą być oparte na trójkącie, węźle, boku lub ich kombinacji [6].
Istnieją dwa algorytmy stosowane głównie do realizacji tych wymagań
1- Metoda triangulacji Delaunaya
2- Metoda Radial sweep

1.5.2.3. 1. METODA TRIANGULACJI DELAUNAYA

Z triangulacją Delaunay'a związany jest wielokąt Thiessen'a, rysunek 3-21, który stara się geometrycznie określić reigon wpływu punktu na płaszczyźnie powierzchniowej. Odbywa się to poprzez konstruowanie na każdym z trójkątów utworzonych wokół tego konkretnego punktu szeregów dwusiecznych prostopadłych do siebie. Krzyżują się one w punktach Thiessena. Tak zdefiniowany wielokąt jest wielokątem Thiessena. Ze względu na ich odrębny układ podczas oglądania na komputerowym terminalu graficznym, są one często nazywane "kafelkami" .
Punkty danych otaczające konkretny punkt o są znane jako jego sąsiedzi Thiessen [36],[104].
Często wstępnym krokiem przed rozpoczęciem triangulacji jest zdefiniowanie zbioru punktów granicznych, tworzących obwód wokół krawędzi obszaru zbioru danych. Jest to niezbędne do stworzenia ramki do modelu terenu. Po zdefiniowaniu tych punktów granicznych i dodaniu ich do zbioru danych, cały obszar może zostać poddany triangulacji, zaczynając od pary sztucznych punktów granicznych. Poszukiwanie kolejnego sąsiada odbywa się poprzez skonstruowanie okręgu z tymi dwoma punktami jako średnicą i wyszukiwanie w prawo.
(tj. zgodnie z ruchem wskazówek zegara).

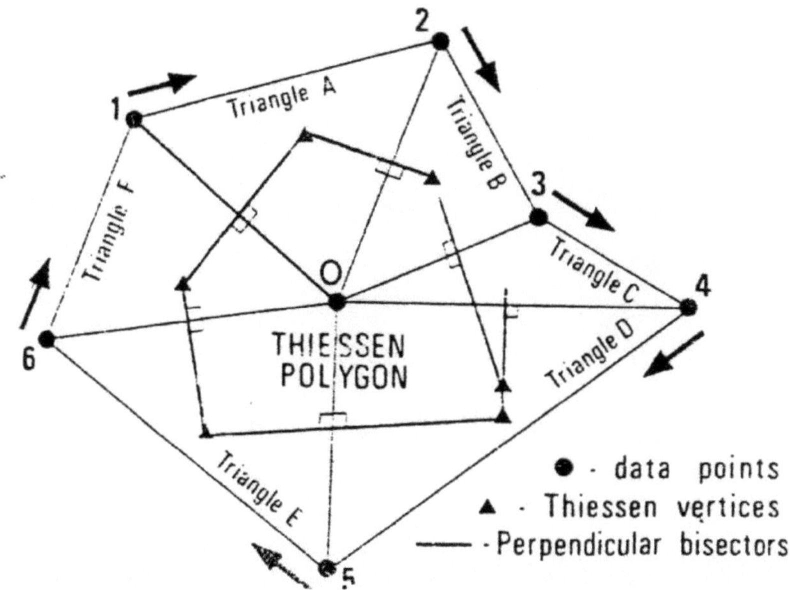

Rysunek 21 Budowa wielokąta Thiessen.

W celu stwierdzenia, czy jakiekolwiek punkty danych mieszczą się w tym okręgu (rysunek 3-22), jeżeli żadne punkty danych nie mieszczą się w tym okręgu, zwiększa się jego rozmiar być może do dwukrotności obszaru pierwotnego okręgu, przy czym dwa punkty (AB) stanowią cięciwę większego okręgu, a wszelkie punkty danych znajdujące się w nowym okręgu są badane w celu stwierdzenia, które z nich spełniają kryteria ustalone dla najbliższego złodziejskiego sąsiada.

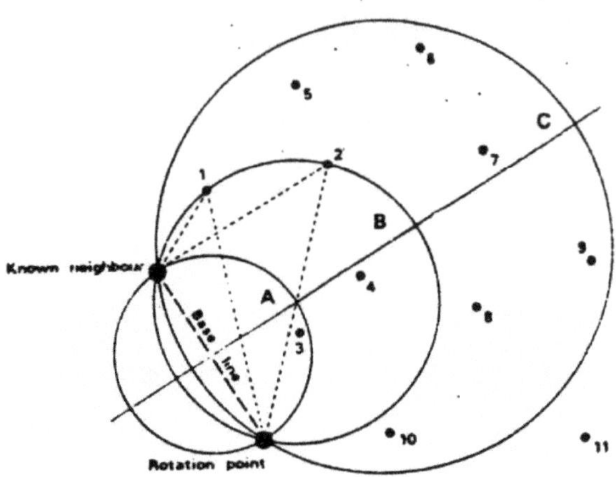

Rysunek 22 Rozszerzające się koło wyszukiwania najbliższego sąsiada.

Po osiągnięciu tego celu, poszukiwania kolejnego sąsiada kontynuowane są po prawej stronie, a następnie po prawej stronie, aż do osiągnięcia kolejnego punktu granicznego. Tak uformowane trójkąty tworzą tzw. powłokę. Proces triangulacji jest następnie kontynuowany, przy czym każdy punkt w powłoce jest wykorzystywany po kolei jako punkt wyjścia do poszukiwania kolejnego zbioru sąsiadów Thiessena. Trwa to w sposób systematyczny do momentu znalezienia sąsiadów dla wszystkich punktów istniejących w zbiorze danych i utworzenia odpowiednich trójkątów.
Jest to metoda wykorzystywana do tworzenia trójkątów w większości pakietów modelowania terenu oparta na metodzie triangulacji.

1.5.2.3. 2. METODA ZAMIATANIA PROMIENIOWEGO

Dane wejściowe są w postaci losowo rozmieszczonych punktów o współrzędnych x,y,z. Punkty te będą znajdowały się na szczytach, grzbietach i liniach przerwania. Punkt lub węzeł, który znajduje się najbliżej środka tarczycy danych jest wybierany jako punkt wyjścia do triangulacji. Z tego środkowego punktu obliczana jest odległość i namiar do wszystkich pozostałych punktów w zbiorze danych. Punkty te są następnie zapisywane i porządkowane według ich położenia. Kiedy to zostanie zrobione, tworzy się linie promieniujące do każdego punktu i wzdłuż tego trójkąta utworzoną przez połączenie linii pomiędzy nowym punktem a poprzednim. po osiągnięciu początkowego rozejścia, wklęsłości utworzone przez początkową triangulację rozejścia radialnego muszą zostać wypełnione nowymi trójkątami.
Każdy węzeł jest porównywany z dwoma kolejnymi węzłami na liście i sprawdzany, czy można utworzyć trójkąt wewnętrzny. Jeśli tak, to nowy trójkąt jest dodawany do bazy danych, a drugi (wewnętrzny), węzeł jest usuwany z listy zewnętrznych punktów

granicznych. Po zakończeniu procesu lista będzie zawierać punkty lub węzły tworzące wypukłą krawędź modelu terenu. jak widać na rysunku 23

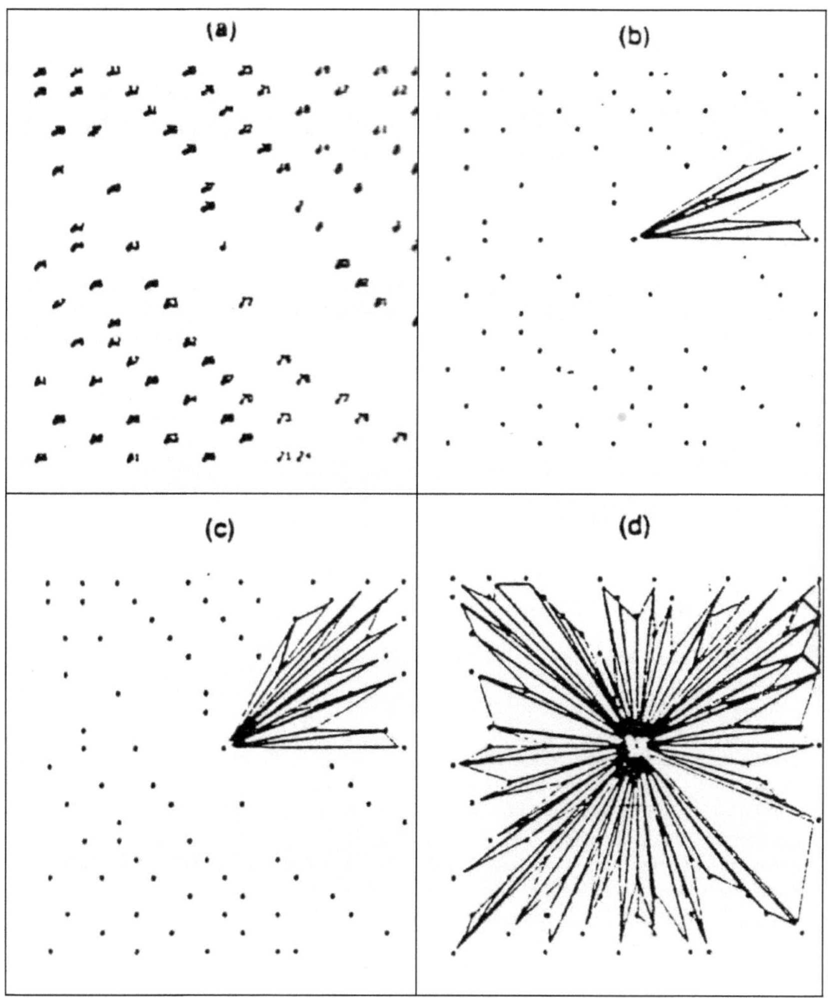

Rys. 23 Sortowanie i tworzenie trójkątów (a) Węzły zapamiętane według kierunku, odległości i nachylenia. b) Początek przeszukiwania radialnego c) Przeszukiwanie radialne po dwóch punktach z tym samym kursem d) Początek wypełniania wklęsłego.

wszystkie punkty danych są teraz triangulowane za pomocą nie nakładających się na siebie trójkątów. Jednakże, kształty i połączenia są dalekie od pożądanych. Aby zoptymalizować kształty, każdy trójkąt jest teraz testowany pod kątem każdego z jego sąsiadów. Czworokąt jest tworzony przez parę trójkątów. Jest to testowane poprzez obliczenie dwóch odległości przez przeciwstawne pary punktów węzłowych. Jeśli odległość pomiędzy dwoma punktami wspólnymi jest większa niż odległość pomiędzy dwoma unikalnymi węzłami, wówczas indeksy trójkątów są przełączane, a wskaźniki bazy danych aktualizowane. Proces ten jest powtarzany przy kolejnych przejściach przez bazę danych, aż do momentu, gdy cały przejazd przez bazę danych nie przyniesie żadnych zmian.[36],[104]

Zalety struktury TIN

Wiele pakietów DTM, GIS i pakietów pomiarowych wykorzystuje strukturę TIN do generacji DTM, które mają wiele zalet, takich jak
wielkość i kształt trójkątów zmienia się w zależności od chropowatości terenu, wszystkie punkty danych są wykorzystywane (honorowane)
b- zdolność do przyjęcia linii przerwania wzdłuż boków trójkąta .
c-"problem z punktem siodłowym", który może wystąpić w strukturze siatki podczas gwintowania konturowego, jest możliwy do uniknięcia w strukturze TIN.
d - niektóre z obliczeń parametrów terenowych opartych na trójkątnych ścianach są proste, np. nachylenie, objętość[6].
e- Choć reprezentacja TIN może być bardziej skomplikowana do wdrożenia, to ma znaczącą przewagę w oszczędności przestrzeni dyskowej w porównaniu z gridem DTM, który ma niską wydajność pod względem zapotrzebowania na pamięć i dokładność w zależności od terenu. Wykazano, że pliki TIN mogą być o ponad 90 procent mniejsze niż gridowe DTM o tym samym obszarze. [20]
Żaden model nie jest uniwersalnie lepszym wyborem, dlatego wybór zależy od :
1- dostępność danych
2- charakter powierzchni (charakteryzują się mniej równinnymi, zawiłymi górami)
3- zastosowanie, technika, która będzie wykorzystana do analizy i manipulacji modelem
4-skala i rozdzielczość danych i problemu [102]

1.5.2.4.Podejścia ptaków do modelowania terenu

Metoda ta łączy w sobie podejście trójkątne i siatkę. Ponieważ sieć trójkątna jest tworzona z losowo rozmieszczonych mierzonych punktów danych, wartości wysokości w określonym węźle siatki są określane przez odniesienie do trójkątnej płaszczyzny, w którą spada.
można powiedzieć, że większość programów do cyfrowej ortorektyki używa do produkcji cyfrowych ortofotomap cyfrowych zwykłego DTM z siatką [20], co oznacza, że dla tego konkretnego zastosowania DTM powinien mieć strukturę siatki [6].

1.6.Czynnik wpływający na wybór technologii spośród dostępnych technologii nabywania DEM, jeśli nie znajduje się ona jeszcze w banku danych DEM

Użytkownik musi być w stanie odpowiedzieć na trzy pytania, czym dokładnie jest moja aplikacja dla DEM, jaki rodzaj DEM najlepiej zaspokoi te potrzeby? Skąd mam wiedzieć, że otrzymam to, czego potrzebuję?

Ocena jakości jest bardzo wyraźnie uzależniona od celu pozyskania danych przez użytkownika. Ustalenie celu oznacza ilościowe określenie minimalnych wymagań dla danej aplikacji.

Po osiągnięciu tego celu należy wziąć pod uwagę inne kwestie związane z jakością, takie jak typ czujnika, który ma być używany oraz poziom edycji, który będzie wymagany w postprodukcji.

Konieczna jest również iteracja procesu specyfikacji wymagań w celu osiągnięcia równowagi między kosztami a dokładnością.

Jeśli pytania te nie zostaną właściwie nakreślone, proces podejmowania decyzji może być napędzany przez zwolenników w ramach organizacji klienta, którzy arbitralnie faworyzują daną technologię.

Może to spowodować, że organizacja uzyska DEM, który nie jest dobrze dopasowany do jej zastosowania.

Odpowiedź na te pytania uzyska się poprzez opisanie :

- Parametry wydajnościowe wykorzystywane do charakteryzowania różnych DEM-ów
- Specyficzne dla technologii kwestie dokładności (i ich wpływ na zapewnienie jakości)
- Metody pomiaru dokładności DEM, w tym szczegółowy przykład pracy.
- Znaczenie weryfikacji zewnętrznej

Technologie dostępne do pozyskiwania danych źródłowych DEM mają swoje mocne strony i ograniczenia. W poprzednich rozdziałach opisujemy te technologie i omawiamy ich zalety i wady, teraz ocenimy jakość DEM [21]

1.7.Ocena jakości DEM

Istotnym zadaniem dla ortofotomapy cyfrowej jest walidacja cyfrowych modeli elewacji (DEM) generowanych przez dowolną technikę, głównie przez fotogrametrię analityczną, cyfrową, digitalizację dostępnych map oraz powietrzny skaner laserowy [112].

Jakość cyfrowego modelu powierzchni to jego zdolność do opisu rzeczywistej powierzchni, ale kryteriów jakościowych nie można zdefiniować bez uwzględnienia wymagań użytkownika. Na jakość cyfrowego modelu powierzchni ma wpływ zarówno punktowa dokładność lokalizacji, jak i efektywność ponownego próbkowania. Każda technika lokalizacji punktowej ma określony budżet błędu, z wkładem wynikającym z wewnętrznych cech zastosowanego systemu (czujnik, platforma) oraz z parametrów akwizycji i przetwarzania. [81]

Procedura walidacji może być podzielona na dwa etapy: wewnętrzny, czyli wewnętrzna kontrola danych użytecznych do identyfikacji i usunięcia wartości odstających za pomocą odpowiednich technik statystycznych; zewnętrzny, czyli porównanie wysokości interpolowanych uzyskanych z DEM z wysokościami oszacowanymi na podstawie bezpośredniego pomiaru w kilku i możliwych dobrze rozmieszczonych punktach [112].

1.7.1.walidacja wewnętrzna

Zestaw losowo narysowanych współrzędnych 3D ma bardzo małe szanse na uzyskanie realistycznej ulgi. Dlatego warto sprawdzić, czy teren opisany przez DSM jest możliwy, tzn. czy spełnia główne właściwości rzeczywistych powierzchni topograficznych .Sprawdzenie, na ile właściwości te są respektowane, nie wymaga danych referencyjnych, a jedynie ogólnej znajomości cech krajobrazu .Z tego powodu można go nazwać walidacją wewnętrzną.[81]

1.7.2.Walidacja zewnętrzna

Jeżeli dostępne i wiarygodne są dane dotyczące elewacji zewnętrznej, można rozważyć przeprowadzenie walidacji zewnętrznej, polegającej na porównaniu DSM z danymi referencyjnymi. Jest to najczęstszy sposób oceny jakości DSM .[81] Ogólnie rzecz biorąc, walidację zewnętrzną ograniczają dwie główne trudności, z których pierwszą jest dostępność odpowiedniego zestawu danych referencyjnych. W rzeczywistości, DSM są często walidowane z bardzo małą liczbą punktów kontroli naziemnej, tak więc porównanie może być statystycznie bez znaczenia, więcej na tych punktach kontroli ma swój własny błąd, który w większości przypadków nie jest znany i który może mieć ten sam rząd wielkości co DSM, które mają kontrolować.
Druga trudność polega na konieczności wprowadzenia wyraźnego kryterium porównawczego, które musi odzwierciedlać wymogi dotyczące stosowania. Z jednej strony, należy określić wielkość, która ma być porównywana. W większości przypadków jest to wysokość, ale można również uwzględnić nachylenie lub inną pochodną wielkości. Z drugiej strony, należy również określić wskaźnik statystyczny, na ogół oparty na histogramie różnic wysokości, średniej, odchylenia standardowego [81].

Metodologia GPS

Pomiar kinematyczny GPS powinien być przeprowadzony, a uzyskane dane powinny być porównane z informacjami DEM odpowiednio spolaryzowanymi w tej samej pozycji poziomej. Oczywistym jest, że kluczowym problemem pomiaru kinematycznego jest niezawodność, naukowa redundancja każdego punktu jest zapewniona tylko przez siłę geometryczną konstelacji satelitów oraz przez moc sygnału. Dlatego też bardziej odpowiednie jest zastosowanie
Trzy lub więcej stacji bazowych w celu niezależnego oszacowania trzech lub więcej pozycji odbiorników podczas zmiany, a tym samym przeprowadzenia kontroli wewnętrznej, co więcej, ta redundantna konfiguracja pozwala na oszacowanie dokładności każdego punktu. Obliczamy średnią i medianę każdej współrzędnej kartezjańskiej WGS84 dla każdego punktu począwszy od trzech oszacowań, a wartości odstające zostały wskazane, jeśli bezwzględna wartość różnicy między średnią i medianą była większa niż 1m [112].
Do kwantyfikacji niepewności DEM najczęściej stosuje się średni błąd kwadratowy pierwiastka.

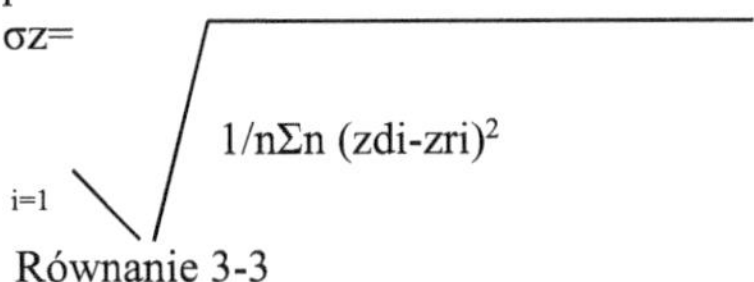

$$\sigma z = \sqrt{1/n \Sigma n \, (zdi - zri)^2} \quad i=1$$

Równanie 3-3

gdzie n oznacza liczbę skontrolowanych punktów wzniesienia
zdi to i-ta wartość elewacji mierzona na danych DEM
zri odpowiednią wysokość odniesienia[117]
Podstawowym problemem przy porównywaniu wysokości jest to, że punkty pochodzące z GPS są umiejscowione na DEM w sposób losowy i zazwyczaj nie pasują do węzłów siatki, jedynych punktów, których wysokość jest znana, dlatego wymagana jest interpolacja [112].

Referencje

1-A.Georgopoule, B.Nakos, D.Mastoris i D.Skarlatos Trójwymiarowa wizualizacja środowiska budowlanego za pomocą cyfrowej ortofotografii zapis fotogrametryczny październik 1997 r.

2- A.carrara, G.Bitelli i R.carla porównanie technik generowania cyfrowych modeli terenu z linii konturów Informacja geograficzna 1997 t. 11 nr 5

3-A.E.Blace Określenie optymalnego odstępu czasu między kolejnymi próbkowaniami w siatkowych cyfrowych modelach elewacji (DEM) akwizycja danych fotogrametrycznych i teledetekcji vol.53 nr 3 marca 1987 r.

4-Abdalla Elsadig Ali Uniwersytet w Chartumie Sudanie (1989) Nowa technika kompresji cyfrowych danych elewacyjnych Pierwsza konferencja w Alazharze

5-Ali El-sagheer Opracowanie cyfrowego modelu terenu (DTM) dla Egiptu i jego zastosowanie do grawimetrycznego oznaczania geoidy ph.D1995

6-Alias abdul rahman projektowanie i ocena algorytmów interpolacji TIN dyssey.ursus.maine.edu/gisweb/spatdb/egis/eg94038.htmlhttp://sp

7- Amany Ragab Hussien Badanie dokładności cyfrowych modeli terenu (DTMS) stworzonych na podstawie różnych źródeł danych praca magisterska 2001

8-Andrewk.Skidmore int.j. (1990) terrain position as mapped from a gridded digital elevation model geographic information systems vol-4 no.1

9-Ayman M.R.Elshehaby, Hesham M.A.Gado DEM&airports approaching lanes 2nd International conference on earth observation and environmental information 11-14 november 2000 cairo Egypt

10-B Hofman-wellenhof H.lichtenegger, i J.collins (1992) Teoria i praktyka GPS.

11- B.Acharya, J. Fagerman,C.Wright accuracy assessment of DTM data: a cost-effective approach for large scale digital mapping project International archives of photogrammetry and remote sensing vol. xxxIII,part B2 amsterdam 2000.

12- Barre Ekavanagh S.J.Glenn Bird (1999) dyrektor ds. geodezji i zastosowań piąta edycja

13-Brain mayfield Demystifying advancement in digital orthophotography www.giscafe.com/technical/papers/demystifying.htm http://

14-C.n.Burnside,MBE,BSC,FRICS mapowanie z fotografii lotniczych drugie wydanie

15-c.viencent Tao,yong Hu,J.Bryan mercer,steve schnick,yun Zhang rektyfikacja obrazu przy użyciu ogólnego modelu czujnika - racjonalny model funkcji Międzynarodowe archiwa fotogrametrii i teledetekcji vol xxxIII,część B3 amsterdam 2000 16 chwastów generowanie cyfrowych modeli elewacji przy użyciu danych z wysokościomierza laserowego (LIDAR) raport końcowy EE381k wielowymiarowe cyfrowe przetwarzanie sygnału 11 grudnia 2000 r.

17-cliff greve digital photogrammetry an addendum to the manual of photogrammetry 1996

18-David lądowy postęp w inżynierii ortofotograficznej fotogrametrycznej 1974

19-David martin (1994) systemy informacji geograficznej i ich zastosowania społeczno-gospodarcze

20-David R Steiner Integracja cyfrowych ortofotografów z GIS w środowisku mikrokomputerowym ITC Journal 1992-1
21-David.Maune, PHD, CP Cyfrowe technologie i zastosowania modeli elewacji Podręcznik użytkownika DEM 2001
22-Dewberry&Davis zagospodarowanie przestrzenne podręcznik projektowania i geodezji 1996
23-Emmanuael P.Balt savias Cyfrowe zdjęcia ortofotograficzne to potężne narzędzie do ekstrakcji przestrzennych i geoinformacyjnych czasopism ISPRS z zakresu fotogrametrii i teledetekcji1996 63-77
24-Ecker Cyfrowa generacja ortofotografii oparta na wysokiej jakości DTM Robert ITC Journal 1992-1
25-Elghazali M.S (1997) Geodezja geometryczna i globalny system pozycjonowania (G P S)
26-Erdongan AkDNIZ,A.selim TopuZ,mustafa Erdogan planowanie i produkcja 1300 cyfrowych ortofotograficznych map reigonu, które powstały w wyniku trzęsienia ziemi w Turky International archiwa fotogrametrii i teledetekcji vol xxxIII,część B4 amsterdam 2000.
27-Eric m.orndorff ocena poziomej dokładności USGS DOQQ przy użyciu różnicowej metodologii GPS GIS/LIS 1997
28-ograniczone zastosowania fotogrametrii w cyfrowym modelowaniu terenu i mapowaniu terenów zalewowych 1998
http://www.ce.utexas.edu/prof/maidment/grad/tate/study/remote/termproj.html
29-F.Ackermann kilka uwag na temat dopasowania funkcji do generacji cyfrowych modeli elewacji automatycznie http://dgr www.epfl.ch/phot/workshop/wks96/art-3-4.html
30-strumieniowe kabiny D.F.SABINS do teledetekcji i interpretacji 1996 r.
31-Francies H. Moffitt, Harry Bouchard Surveying
32-funtowy moffitt, Edward M.michail fotogrametria
33-Fritz Ackermann perspektywy kinamatycznego GPS dla triangulacji powietrznej ITC Journal 1992-4
34-G.Banchini, Lferretti, G.lombardo, L.Surance Rola cyfrowych ortofotomap w zarządzaniu katastrofami ekologicznymi międzynarodowe archiwa fotogrametrii i teledetekcji vol. xxxIII, część B7 amsterdam 2000
35-G.Konecny Metody i możliwości cyfrowej różnicowej rektyfikacji fotogrametrycznej i teledetekcji vol. 45 nr 6 czerwiec 1979 str. 727-734 36-G .petrie i T.J.M kennie (1991)terria modelowania w geodezji i budownictwie lądowym
37-Gale Teselle A Krajowy cyfrowy program do ortofotografii GIS/LIS 1994p741-751 38-George A.wood fotografia i loty wymagane do mapowania ortofotografii Hoberough ograniczony
39-Gordan petrie trends in analytical insturmentation ITC Journal 1992-4
40-Gray s.smith cyfrowa ortofotografia i GIS www.esri.com/library/userconf/proc95/to/so/p12 .html
41-H.K meier Gigas -Zeiss Orthoprojector Design charakteryzuje się praktycznymi rezultatami
42-Hans-Gerd maas i Thomas kersten Aerotriangulation i DEM/orthophoto generacji z wysokiej rozdzielczości jeszcze - obraz wideo na temat potencjału kamer cyfrowych na pokładzie samolotu fotogrametrycznych i teledetekcji wrzesień

43-hossam El din El semary Photogrammetry Digital Phogrammetry Ph.D. Ph.D.
44-Igor JARAMILLO matematyczna korekta zdjęć lotniczych do mapowania katastralnego w Boliwii Międzynarodowe archiwum fotogrametrii i teledetekcji vol. xxxIII,część B4 amsterdam 2000
Strona 45-internetowa1 Lekcja 12 Wprowadzenie do DTM i metadanych http://instruction.ferris.edu/burtchr/sure382/lesson12.htm
46-internetowa strona2 http://dgrwww.epfl.ch / phot/workshop /wks99/5-2.html
47-internetowa strona3 www.dot.com.pima.az.us/gis/data/layers/pageortho/definations.htm
48-internet website4 www.intermap technologies.com/html/mapp-dital.htm www.photo
49-internet site5 suyrveys.co.za/aerial%20 services/dital-orthophoto.htm
50-internetowa strona6 http://craterlake.wr.usgs.gov/dog.html
51-J.avis,A .Gunning i inne regionalne projekty z zakresu ortofotografii cyfrowej pima departament transportu usługi techniczne - bazy danych GIS usługi biblioteki danych geograficznych www.dot.co.pima.az.us.gis/data/layers/pageortho_COPY .18
52-Jame Anderson&Edward mikhail wprowadzenie do badań geodezyjnych
53-James .M.anderson&Edward M.Mikhail geodezyjny teorii i praktyki geodezyjnej siódme wydanie
54-JAuregui-Josevilchez leira chacon Digital orthophoto generation manual Międzynarodowe archiwum fotogrametrii i teledetekcji vol. xxxIII,part B4 amsterdam 2000
55-Jay GAO int. j. Rozdzielczość i dokładność odwzorowania terenu przez grid DEM's w mikroskali nauki o informacji geograficznej 1997 vol11 no.2
56-Jhon Deck Peter Ashley linie lotnicze dla tych, którzy muszą wiedzieć, ale boją się py tać. http://gis.ucsc.edu/projects/aerial/guidelines.htm
57-Jhon michael ortofotografia cyfrowa - zasady - projektowanie projektów, zagadnienia.użyteczność,dokładność,ekonomia
58-Jim Chandler, stuart lane i kojishiono akwizycja cyfrowych modeli elewacji w wysokich rozdzielczościach przestrzenno-czasowych z wykorzystaniem zautomatyzowanej fotogrametrii cyfrowej
59-john trinder fotogrametria cyfrowa co może zrobić i jak wpłynie na przyszłość fotogrametrii GIM styczeń 1996 r.
60-K.Kraus,N.pfeifer Wyznaczanie modeli terenu na terenach zalesionych za pomocą lotniczego skanera laserowego Dane ISPRS dziennik fotogrametrii i teledetekcji1998 53(1998)193-203
61-Kamel M.Ahmed, Stephen E.reutebuch, Terry A.curits dokładność wysokiej rozdzielczości danych z laserów lotniczych o różnej pokrywie roślinności leśnej
2. Międzynarodowa konferencja na temat obserwacji Ziemi i informacji o środowisku 11-14 listopada 2000 r. Kair Egipt
62-keith c.clarke rozpoczęcie pracy z systemami informacji geograficznej
63-L.Harold spradley koszty baz ortofotycznych softcopy dla projektów GIS ISPRS Journal of photogrammetry &Remote sensing 51(1996) 182-187
64-Lillesand kifer wydanie trzecie 1994 Teledetekcja i interpretacja obrazu
65-lione Dorffiner http://www.ipf.twwien.ae.at / veroeffentlichungen/id-iasprs00-6w8/lionel dorffiner assisstant profesor
66-cio milionowy dorffiner interaktywna wizualizacja modeli terenu i ortofotomapy www.ipf.Tuwien.ac.at/veroeffentlichungen/id-iasprs00-6w8/ http/
67-M.Berendsen SDVC metadane cyfrowe ortofotomapy dla porcji wyoming

68-M.J gooch i J.H .chandler przewidywanie awarii w automatycznie generowanych cyfrowych modelach wysokościowych
69-M.J smith and D.G smith-D.G Tragheim and M.holt DEM's and orthophoto images from aerial photographs photogrammetric record 15(90): 945-950 october 1997
70-M.J.Smith, D.G. Smith i D.A.Waldram doświadczenia z analitycznymi i cyfrowymi stereoploterami zapis fotogrametryczny 15(88):519-526 październik 1996 r.
71-M.prof.liyingcheng, Pani Guo Tongying produkcja cyfrowych map ortofotograficznych w Chinach
http:// www.gis development.net/aars/acrs/1999/t54/t54251.5html
72-M.stojic,J.chandler,P.Ashmore i J.luce Ocena siatek transportu osadów za pomocą zautomatyzowanej fotogrametrii cyfrowej fotogrametrii i teledetekcji vol 64 nr 5 may1998 pp387-395
73-Mahdi Abdel Guerfi,EDGAR cooper,christ wynne int.j. an extended vector product format (EVPF) suitable for representation of three dimensional elevation in terrain data base geographical informationscience 1997 vol 11 no.7
74- mahmut o z blmumc.u investigation on the accuracy of digital elevation models (DEM's) used in producing orthophoto maps in the marmara earthquake area Międzynarodowe archiwum fotogrametrii i teledetekcji vol xxxШ,part B4 amsterdam 2000
75-manfred wiggenhagen Uwagi na temat kontroli jakości cyfrowych ortofotografów OEEPE warsztat pracy
76-Martin Knaben Schuh Korekta radiometryczna danych ortofotograficznych International Journal for Geomatics October 1995
77-massoud sharif i M.karovic optymalizujące progresywne i złożone próbkowanie dla DTMs ITC Journal 1989-2
78-medenowa stojańska fotogrametria cyfrowa uwalnia moc 3-D GIS-u
.com/gw/2000/0500/0500/dg.asp http://www.geoplace
79-michael N.Demers Fundementals of geographic information systems 1997
80-michael s.renslow Ocena LIDAR do pomiaru i oceny warunków środowiskowyc h [2.] Międzynarodowa konferencja na temat obserwacji ziemi i informacji o środowisku 11-14 listopada 2000 r. Kair Egipt
81-michail kasser i yves Jajka Cyfrowa fotogrametria 2002
82-michail S.renslow aplikacji zaawansowanych LIDAR dla aplikacji DEM http://www.sbgmaps.com/LIDAR-apps.htm
83-mohamed abdelrahim , David coleeman , Rejan castonguay , david raymond Thomas Eugene Avery .Gray don lennis compression and distribution of SNB softcopy orthophoto map database International archives of photogrammetry and remote sensing vol xxxШ,part B2 amsterdam 2000
84-mohamed M. Nassar 1994 zaawansowana geodezja geometryczna
85-N.B.Nayar, Brig.j.s.Ahuja, G.S.Kumar, L.R.A.Narayan Enclopeadia pomiarów, mapowania i teledetekcji
86-Nasser mohamed Eldeeb Ghazy badanie różnych technik ortofotograficznych Praca magisterska
87-Nazar MS Numan, Ghasson Jnwda i huda A Thannoon Przegląd map topograficznych w północnym Iraku przy użyciu DTM i ortofotomap ITC Journal 1992-3
88-P.A Burrough(1989) zasady systemów informacji geograficznej dla oceny zasobów lądowych

89-paul Zukousky interpolowane cyfrowe modele elewacji, różnicow e pozycjonowanie globalne System pomiarów i fotogrametria cyfrowa :Ilościowe porównanie dokładności z geomorfologicznej perspektywy.
http://www.geocomputation.org/2000/gc002/gc002.htm
90-PaulR.wolf bon A.dewitt elementy fotogrametrii z zastosowaniem w GIS III wydanie 2000
91- Philip Cheng, Thierry Toutin ortorektyfikacja i generowanie DEM z danych satelitarnych o wysokiej rozdzielczości
92-philip.S powers and marte chirle cyfrowa metoda fotogrametryczna do pomiaru poziomych ruchów sufitowych na osuwisku mułów slumsowych, Hinsdale conty, colorado
www.geology.cr.usgs.gov/pub/bulletins/b2130/chapte http://
8.html
93- Poul frederiksen, Ole Jacobi i Kurt
kubik Przegląd aktualnych trendów w modelowaniu terenu ITC Journal 1985-2
94-Raod Saleh,Maha Jaafar Ekonomia pozyskiwania obrazu alternatyw dla cyfrowej produkcji fotogrametrycznej Międzynarodowe archiwa fotogrametrii i teledetekcji amsterdam 2000
95-Rifat.a.Ismail Teoria błędów i zastosowań w geodezji
96-Ronald J.Duhaime,peter v.Auguest,and william R.wright automated vegetation mapping using digital orthophotography photogrammetric engineering & Remote sensing vol 63 No 11 november 1997 pp1295-1302 97-Rüdiger Köthe http://nibis.ni.schule.de/~trianet/dtm/dtm1.htm
98-Rudolf Burkhardt, F.polzeitner dziki sprzęt ortofotograficzny PPO-8 xПinternational congress for photogrammetry ottawa1972
99-S.kulur, o.divan produkcja i precyzja ortofotografii cyfrowej od 1:35000 zdjęć lotniczych w skali 1:35000 jako pokrycia GIS IAPRS, vol. xxxIII, amsterdam
2000
100-Sanjib k Ghosh 1979 fotogrametria analityczna
101-scott cox Imaging primer teraz to dobrze wyglądająca ortofotografi a
www.geoplace.com/gw/1999/1199/1199/prm.asp
102-simon Dadson cyfrowy model terenu
http://www.geog.ubc.ca/corses/klink/g516/notes/DTM.html
103-Stephen E.reutebuch scoot D.Bergen,James L.Fridley zbieranie i wykorzystywanie danych o roślinności i ukształtowaniu terenu z różną dokładnością do wykorzystania w wizualizacjach krajobrazowych opcji zbioru
http://forsys.cfr.washington.edu/~vp/papiers/cofe97.html
104-T.J.M kennie i G.petrie (1990) technologia pomiarów inżynieryjnych
105-Thomas A.Hughes, Arthur.D.shope, Franklin S.BAXTER USGS automatyczny system ortofotomapy fotogrametryczny marsz inżynieryjny 1971
106- Thierry Toutin , Philip Cheng DEM ze sprzętem stereo IKONOS
http:\\ www.eomonline.com/common/currentissues/july01/toutin.htm
107-Thomas Eugene Avery .Gray don lennis interpretacja zdjęć lotniczych czwarte wydanie Berlin 1985
108-Tonischenk Towards automatic aerial triangulation ISPRS journal of photogrammetry &Remote sensing52(1997) 110-121
109-Trimple Oprogramowanie pomiarowe GPS 2.0 instrukcja szkoleniowa
110-U.Lohr Cyfrowe modele wysokościowe ze skanowaniem laserowym zapis fotogrametryczny kwiecień 1998 r.
111-U.S.Geological Survey metadata dla cyfrowych ortofotomapy czworokąta

112-V.Baiocchi, M.crespi, A.Dai pra pra Generowanie DEM-ów na podstawie kartografii i ich walidacja za pomocą badań kinematycznych GPS.
113 V.W.Kuźniecow Pomiary inżynieryjne W.IF Edorow, P.I.Shilov przeniesiony z Rosji 1985 r.
114-W.K.Kiford elementarne badania lotnicze wydanie czwarte
115-waheed uddin,Hugh sloan III,Ewad Al-Turk Airborne LIDAR Digital terrain mapping and space borne technologies for managing infra-structure assest.
116-wolf,pR.Mc Graw Hill singapur 1983 elementy fotogrametrii
117-xinghe yang Dan williams the effect of DEM data uncertainty on the quality of orthoimage generation GIS/LIS 1997
118-Z/I obrazowanie

Glosariusz

Dokładność:Czy stopień zgodności lub bliskości pomiaru z rzeczywistą wartością.

Stosunek wysokości podstawy B:H :
W fotografii lotniczej termin ten oznacza stosunek bazy lotniczej do wysokości lotu. Wybór proporcji wysokości podstawy ma ogromne znaczenie, ponieważ wpływa na dokładność pomiarów na modelu stereoskopowym, a także na pokrycie stereoskopowe. Zwiększenie bazy lotniczej daje większą paralaksę i dokładniejszy odczyt modelu, ale zmniejsza pokrycie stereoskopowe.

Kalibracja kamery: W fotogrametrii termin ten odnosi się do kamery napowietrznej i oznacza określenie skalibrowanej ogniskowej, położenie głównego punktu względem znaków odniesienia, punkt symetrii, rozdzielczość obiektywu, płaskość płaszczyzny ogniskowej oraz efekty zniekształcenia obiektywu. Stała uzyskana z kalibracji, która zapewnia skalibrowaną ogniskową kamery z obiektywem oraz relację między głównym punktem a znakami odniesienia, nazywana jest skalibrowaną stałą.

Cyfrowy bank danych kartograficznych: Przechowywanie cyfrowych danych kartograficznych na taśmach magnetycznych, z których w razie potrzeby można je odzyskać. Bank danych składa się zazwyczaj z dwóch części, z których jedna służy do pracy liniowej, a druga do informacji opisowych lub klasyfikacji.

Kontur: Linia, wzdłuż której powierzchnia gruntu przecina się z powierzchnią poziomą.każdy punkt na linii konturowej będzie miał zatem taką samą wysokość, jak przecinająca się powierzchnia pozioma powyżej lub poniżej określonego punktu odniesienia, zazwyczaj średniego poziomu morza.Jedną z najczęściej stosowanych metod odwzorowania rzeźby terenu lub charakteru gruntu na mapach jest użycie linii konturowych.

Kontrola: Termin używany w geodezji oznacza pracę ramową stacji i punktów ustalonych przez triangulację, trylatację, trawers, obserwacji astronomicznych, fotogrametrii.
Zapewnienie dokładnej kontroli w położeniu (kontrola planimetryczna lub pozioma) w wysokości (kontrola wysokości lub pionowa) jest warunkiem koniecznym do sporządzenia dokładnych map.Dokładność pomiaru w dużej mierze zależy od dokładności kontroli wykorzystywanej do pomiaru oraz od stopnia, w jakim kontrola może ograniczyć nagromadzenie błędów.Innymi słowy, początkowa praca ramowa kontroli, która jest zapewniona z najwyższą możliwą dokładnością, jest podzielona na coraz gęstszą kontrolę przy użyciu stosunkowo mniej dokładnych metod, aż do momentu, gdy dostępna będzie wystarczająco gęsta siatka kontroli poziomej i pionowej dla szczegółowego badania całego obszaru, który ma być badany.Celem pracy od całości do części jest zapobieganie kumulacji błędów.

Termin "kontrola geodezyjna" oznacza, że wielkość i kształt gruntu zostały wzięte pod uwagę przy określaniu kontroli.kontrola naziemna oznacza kontrolę ustaloną przez badania naziemne, podczas gdy kontrola fotogrametryczna (kontrola drobna) odnosi się do kontroli ustalonej technikami fotogrametrycznymi.
Coregistered: zero paralaksy

Wysokość dzienna: Wartość przypisana do punktu .określona przez podzielenie liczby geoptencjonalnej dla tego punktu przez wartość normalnego ciężaru na 45 stopni szerokości geograficznej lub średniej szerokości geograficznej kraju.

Diapozytywowe: Oryginalne negatywy lotnicze są rzadko używane w procedurach kompilacji fotogrametrycznej . Dodatnie odbitki zazwyczaj na płytkach szklanych lub folii poliestrowej.Odtworzone z oryginalnych negatywów w rzutach lub kontakcie - drukarki są znane jako diapozytywy

Elipsoidalna wysokość: Wysokość powyżej lub poniżej elipsoidy odniesienia, tj. odległość między punktem na powierzchni ziemi a powierzchnią elipsoidy, mierzona wzdłuż (normalnej) prostopadłej do elipsoidy w punkcie i wzięta dodatnio od elipsoidy.
Pole widzenia: Pole widzenia lub kąt widzenia w fotogrametrii w zastosowaniu do fotografii, oznacza dwa razy większy kąt, którego styczna jest równa połowie długości przekątnej formatu podzielonej przez skalibrowaną ogniskową obiektywu.
$\alpha = 2 \tan^{-1} (d/2f)$

Współrzędne geograficzne: Współrzędne punktów na powierzchni ziemi pod względem szerokości i długości geograficznej, w odróżnieniu od współrzędnych prostokątnych. Współrzędne geograficzne służą do sporządzania szeroko zakrojonych badań dla potrzeb tworzenia map w małych i średnich skalach, w oparciu o najbardziej odpowiedni rzut mapy, którego wybór zależy od celu mapy, położenia i zasięgu obszaru, który ma być mapowany. Termin ten jest również używany do określenia astronomicznych szerokości i długości geograficznych.

System Informacji Geograficznej GIS: System informacji przestrzennych, w tym programy komputerowe, które pozyskują, przechowują, przetwarzają, analizują i wyświetlają dane przestrzenne.

Wysokość geoidy (falowanie geoidalne): Pionowa odległość geoidy powyżej lub poniżej elipsoidy odniesienia.

Wysokość:Odległość, mierzona wzdłuż prostopadłościanu pomiędzy punktem a powierzchnią odniesienia.

Izarytm: Ogólny termin dla linii narysowanej na mapie w celu połączenia punktów o znanych ciągłych, statystycznych wartościach powierzchni.

Isocenter: Termin fotogrametryczny oznaczający punkt w płaszczyźnie nachylonej fotografii lotniczej, w którym kąty na fotografii są równe odpowiadającym im kątom na ziemi.

Nadir lub (punkt Nadir): termin w fotogrametrii oznacza punkt, w którym linia pionowa przechodząca przez perspektywiczny środek obiektywu aparatu napowietrznego styka się z płaszczyzną zdjęcia. Odpowiedni punkt na ziemi jest znany jako nadir. Na prawdziwie pionowym zdjęciu, kierunek przesunięcia obrazu jest promieniowy od punktu nadir niezależnie od wielkości płaskorzeźby .

Negatywny: Obraz, w którym światło i cień są odwrócone.
Mapa krajobrazowa:Mapa topograficzna, zazwyczaj w skali od 1:50 do 1:250, obejmująca niewielki obszar i pokazująca maksymalną ilość szczegółów. Mapy te są bardzo przydatne dla architektów, ogrodników krajobrazu, a także do planowania miejsc pod budynki, place zabaw, parki i tak dalej, aby dopasować się do naturalnych cech topograficznych.
Projekcja ortogonalna: Projekcja geometryczna obrazu, figury, na linii lub płaszczyźnie, przez linie prostopadłe do linii lub płaszczyzny.

Wysokość ortometryczna: Wysokość nad geoidą, mierzona wzdłuż śliwki pomiędzy geoidą a punktem na powierzchni ziemi, wzięta dodatnio pod górę od geoidy. H=h-N

Planimetria: Termin w geodezji i mapowaniu oznacza wszystkie szczegóły przedstawione na mapie z wyjątkiem tych, które dotyczą rzeźby terenu, takich jak kontury, wysokości punktów, zacienienie wzgórz.

Precyzja: Jest stopień bliskości lub zgodności powtarzających się pomiarów tej samej wielkości do siebie . Jeśli powtarzające się pomiary są ściśle zgrupowane togeather, mówi się, że mają wysoką precyzję ;Jeśli są one szeroko rozłożone, mają niską precyzję .Wspólna miara precyzji jest odchylenie standardowe σ .Im wyższa precyzja, tym niższa jest wartość σ , i na odwrót.

Projekcja niezależna: Projekcja mapy pokazująca część powierzchni ziemi widzianą z określonego punktu, na płaszczyźnie, w oparciu o zasady zwykłej geometrii rzutowej.

Przesunięcie ulgi: Promieniowe przemieszczenie obrazu na zdjęciu lotniczym w stosunku do zdjęcia nadir, spowodowane przez płaskorzeźbę . Przemieszczenie obrazu jest w kierunku zdjęcia nadir dla elementów znajdujących się pod ziemią, a droga od niego w stosunku do elementów znajdujących się nad ziemią .Jednakże w przypadku zdjęć wykonanych w pozycji zbliżonej do pionowej za punkt główny przyjmuje się zazwyczaj środek radialny dla przemieszczeń wypukłości, jeżeli nie przekracza on 2° do 3°. Przesunięcie wypukłości na prawdziwie pionowej fotografii może być wyrażone następującym równaniem
de =rh/H
de Wielkość przesunięcia reliefowego r
Odległość na zdjęciu od środka zdjęcia do obrazu wierzchołka obiektu h wysokość terenu obiektu
H wysokość lotu w stosunku do tego samego punktu odniesienia co h
Za pomocą tego równania możliwe jest określenie wysokości elementów na podłożu na podstawie pomiarów wykonanych na pionowych zdjęciach lotniczych, zwanych również przemieszczeniami wysokościowymi lub zniekształceniami reliefowymi.

Obraz stereoskopowy: Psychologiczne wrażenie trójwymiarowego modelu, który obserwator otrzymuje z dwóch nakładających się na siebie perspektywicznych widoków. Nazywany również modelem stereo lub stereoskopowym.

Przechyl się: W fotografii lotniczej terminy te oznaczają odchylenie płytki fotograficznej aparatu lotniczego od płaszczyzny poziomej w momencie naświetlania, tj. kąt w punkcie środkowym pomiędzy prostopadłą do pionu fotografią a pionem.

Przesunięcie nachylenia**:** Przesunięcie obrazu na nachylonym zdjęciu, promieniście do wewnątrz lub na zewnątrz w stosunku do izocentrum.

Spis treści

Printed by Books on Demand GmbH, Norderstedt / Germany